カントールの区間縮小法
Cantor's Method of Diminishing Intervals

ミーたんとコウちんは
闇の湖で地球人と
出会った。

市川秀志

まえがき

　前作「カントールの対角線論法」では、次のような結論を下しました。

「実無限とは、『完結した無限』である」
「完結した無限は、本当は無限ではない」
「実無限は自己矛盾を含む概念である」
「実無限にもとづく対角線論法は背理法ではない」
「実無限から作られる無限集合は集合ではない」
「実無限を導入している公理的集合論は矛盾している」
　　　　　　　　　　　　　　　　　　　　　　　　　　などなど…

　これで、私の仕事をすべて終了にしようと思っていました。しかし、その後になって、いくつかの新しい証明を思いつきました。数学から引退したあとは、これらをすぐに忘れてしまうことは明らかです。実際に、もう多くの証明が思い出せなくなっています。

　そのため、今、私の頭の中に残っているわずかな証明だけでも、何とか形として残したいと思いました。このような経緯から、再び、本を書くことにしました。

　前作と同様に、幼い子供たちからお年寄りまで、誰でも

理解できるように、難しい表現と難しい数式をできるだけ省いています。小説感覚で気軽に読んでもらえれば幸いです。

実は、カントールは対角線論法を発表する前に「すべての自然数を集めた集合とすべての実数を集めた集合の間には一対一対応が存在しない」ということを、別の方法で証明しています。彼の用いたこの証明法を「カントールの区間縮小法」と呼ぶことにします。

本書では、カントールの区間縮小法もまた背理法ではないことを明らかにします。

合わせて、「公理的集合論の矛盾」とはタイプがまったく異なる「非ユークリッド幾何学の矛盾」についても考察し、さらには、ゲーデルの不完全性定理やアインシュタインの一般相対性理論にも触れたいと思います。

では、これからゆっくりと、ミーたんやコウちんたちと一緒に、素晴らしい知的旅行のひとときをお楽しみください。

区間縮小法の解説

　まず、一般的な区間縮小法を説明いたします。区間縮小法には2つの表現があります。1つは数列による表現であり、もう1つは区間列による表現です。

【数列による表現としての区間縮小法】
　単調増加数列 $\{a_n\}$ と単調減少数列 $\{b_n\}$ があり、常に $a_n < b_n$ となっていて、

$$\lim_{n \to \infty} (b_n - a_n) = 0$$

であるとする。このとき、

$$\lim_{n \to \infty} a_n = \lim_{n \to \infty} b_n = c$$

となる実数 c が存在する。

　単調増加数列とは、$a_n < a_{n+1}$ となる数列 $\{a_n\}$ のことです。単調減少数列とは、$b_n > b_{n+1}$ となる数列 $\{b_n\}$ のことです。

【区間列による表現としての区間縮小法】

I_n が閉区間であり、$\{I_n\}$ が $I_n \supset I_{n+1}$ を満たす区間列であるとする。このとき、I_n の長さが0に収束するならば、すべての区間に含まれるただ1つの点 c が存在する。

$I_1 \cap I_2 \cap I_3 \cap I_4 \cap \cdots = \{c\}$

ここでは、幾何学的な表現としての後者について述べたいと思います。区間とは線分の長さであり、線分は点の無限集合とされています。閉区間とは両端を含む区間です。たとえば、0以上で1以下の閉区間は、次の不等式を満たす実数 r の集合とされています。

$0 \leqq r \leqq 1$

I_n が閉区間のとき、$\{I_n\}$ は下記のような区間列になります。

$I_1, \ I_2, \ I_3, \ I_4, \ \cdots$

区間列は数列と同じ概念であって、区間を順番に並べたものです。

$I_n \supset I_{n+1}$ は、区間 I_n が区間 I_{n+1} を真部分集合として含むことを意味しています。真部分集合とは、元の集合と一致することのない部分集合のことです。

区間列による表現としての区間縮小法の幾何学的な意味は「線分をどんどん短くして、その長さを無限に 0 に近づける場合、それらの線分に含まれる共通の点がただ 1 つ存在する」です。

カントールの区間縮小法の解説

　本書のメインテーマは、カントールの区間縮小法です。

　ここでは、現代数学にもとづく背理法としてのカントールの区間縮小法を説明いたします。この証明は、区間縮小法を応用して「すべての自然数は数えられるが、すべての実数は数えることができない」という命題を導き出すものです。

　カントールの区間縮小法はカントールの対角線論法よりも少し複雑ですが、その本質は決して理解不能なほど難解ではありません。まず、この証明の全体像をざっと述べてみます。

（1）目的は「すべての自然数の集合Nとすべての実数の集合Rの間には一対一対応が存在しない」という結論を出すことである。
（2）Rは、その部分集合として閉区間［0，1］を含む。
（3）よって、Nと［0，1］との間に一対一対応が存在しないことを証明すれば、NとRとの間に一対一対応が存在しないことを証明したことになる。
（4）そのためには、Nと［0，1］との間に一対一対応が存在すると仮定して、矛盾を導き出せばよい。

（5）そこで、Nと［0，1］との間に一対一対応が存在すると仮定する。
（6）すると、Nの要素と［0，1］の要素は、お互いに過不足があってはいけないことになる。自然数が余ってもいけないし、実数が余ってもいけないはずである。
（7）推論をした結果、もし余った自然数や余った実数が出てくれば、これは矛盾である。
（8）矛盾が出てくれば背理法が使えるので、仮定を否定することができる。
（9）つまり、Nと［0，1］との間には一対一対応が存在しないと結論づけることができる。
（10）したがって、NとRとの間にも一対一対応は存在しないという結論も出てくる。

さらに、次のように推論を進めています。

（11）推論の結果、余った実数が出てきた。したがって、NよりもRのほうが集合としては大きい。
（12）Nの要素であるすべての自然数を順番に数えることができるが、それよりも集合として大きいRには、この概念が通用しないはずである。
（13）したがって、Rの要素であるすべての実数を順番に数えることはできない。

この全体像を念頭において、さっそく、カントールの区間縮小法を説明いたします。すべての実数の集合Rの部分集合として、下記のような閉区間を考えます。

［０，１］

　この閉区間は次のように０から１までの線分として書き表せます。閉区間は両端を含むので、この線分は０と１を含んでいます。

　ここで、１つの仮定を導入します。

【仮定】すべての自然数の集合Nと０≦ｒ≦１を満たす実数ｒの集合［０，１］の間に一対一対応が存在する。

　すると、次のような対応（自然数ｎと実数r_nの対応）が作られ、両集合にはお互いに要素の余りがなくなるはずです。

自然数 ⟷ 実数

1 ⟷ r_1

2 ⟷ r_2

3 ⟷ r_3

4 ⟷ r_4

⋮

n ⟷ r_n

⋮

r_n は番号のつけられた実数です。しかし、この対応から余った実数が必ず出てくることを、これからカントールの区間縮小法を用いて証明してみましょう。

最初に、自然数1に対応する実数 r_1 を線分上にプロットします。プロットするとは、線分上に点を打つことです。次に、自然数2に対応する実数 r_2 を線分上にプロットします。小さいほうを a_1 とし、大きいほうを b_1 とします。

なお、一対一対応が仮定された以上、以前プロットした点の上にまたプロットすることは許されません。したがって、a_1 と b_1 は一致しません。これより、次なる式が得られます。

$0 \leq a_1 < b_1 \leq 1$

幾何学的には、次のような２つの点がプロットされた線分になります。

これを見るとわかりますが、[０，１]よりも小さな閉区間[a_1, b_1]が作られています。なお、この段階ではまだa_1は０であってもよいし、b_1は１であってもよいので、この閉区間は[０，１]よりも小さな閉区間であるとは、必ずしも言えません。[a_1, b_1] ＝ [０，１]でも許されます。

さらに、自然数に対応する実数を線分上にプロットし続け、自然数 i に対応する実数 r_i が閉区間[a_1, b_1]の中に入ったとします。これをa_2とします。

$a_1 < a_2 = r_i < b_1$　　（$3 \leq i$）

すると、[a_1, b_1]よりも小さな閉区間[a_2, b_1]が作られます。

この場合、a_1とa_2は一致することがないので、必ず

$[a_1, b_1]$ よりも小さな閉区間になります。

$[a_1, b_1] \supset [a_2, b_1]$

さらに、自然数に対応する実数を線分上にプロットし続け、自然数 j に対応する実数 r_j が閉区間 $[a_2, b_1]$ の中に入ったとします。これを b_2 とします。

$a_1 < a_2 < b_2 = r_j < b_1 \quad (4 \leq j)$

すると、$[a_2, b_1]$ よりも小さな閉区間 $[a_2, b_2]$ が作られます。

$[a_2, b_1] \supset [a_2, b_2]$

以下同様の操作をすると、$[0, 1]$ から始まる閉区間が次のように作られます。

$[0, 1]$
$[a_1, b_1]$
$[a_2, b_1]$
$[a_2, b_2]$

$[a_3,\ b_2]$
$[a_3,\ b_3]$
$[a_4,\ b_3]$
$[a_4,\ b_4]$
　　⋮

　最初の $[0,\ 1]$ と論理的に不要な $[a_{k+1},\ b_k]$ を省略すると、次のような閉区間の列になります。

$[a_1,\ b_1]$
$[a_2,\ b_2]$
$[a_3,\ b_3]$
$[a_4,\ b_4]$
　　⋮

　これらを横書きにしてみます。

$[a_1,\ b_1],\ [a_2,\ b_2],\ [a_3,\ b_3],\ \cdots$

　ここで、$[a_n,\ b_n] = I_n$ と置きます。すると、次のような区間列 $\{I_n\}$ になります。

　$I_1,\ I_2,\ I_3,\ I_4,\ \cdots$

この区間列は無限列です。そして、この閉区間の列を構成している実数a_nは、次なる性質を持ちます。

$0 \leq a_1 < a_2 < a_3 < a_4 < \cdots$

よって、数列$\{a_n\}$は、単調増加数列です。

また、実数b_nは、次なる性質を持ちます。

$1 \geq b_1 > b_2 > b_3 > b_4 > \cdots$

よって、数列$\{b_n\}$は、単調減少数列です。

一方、すべての自然数nについて　$a_n < b_n$　です。

これより、次なる包含関係が得られます。

$I_1 \supset I_2 \supset I_3 \supset I_4 \supset \cdots$

また、$I_n = [a_n, b_n]$は、「Nと[0, 1]の間に一対一対応が存在する」という仮定によって、限りなく小さな閉区間になります。ゆえに、その差である$b_n - a_n$も限りなく0に近づきます。

$$\lim_{n \to \infty}(b_n - a_n) = 0$$

このとき、次なる実数 c が存在します。

$$\lim_{n \to \infty} a_n = \lim_{n \to \infty} b_n = c$$

c はすべての I_n に共通の要素であるため、下記の式が成り立ちます。

$$c \in [a_n, b_n] = I_n$$

では、この実数 c はどの自然数に対応している実数でしょうか？ それをこれから調べてみます。

まず、c はすべての a_n と異なります。かつ、c はすべての b_n とも異なります。

次に、たとえば以下のような対応しているとします。

自然数	⟷	実数	⟷	端の点	⟷	閉区間
1	⟷	r_1	⟷	b_1		
2	⟷	r_2	⟷	a_1	⟷	$[a_1, b_1]$
3	⟷	r_3	⟷		⟷	$[a_1, b_1]$
4	⟷	r_4	⟷	a_2	⟷	$[a_2, b_1]$

5 ⟷	r_5 ⟷	⟷	$[a_2, b_1]$
6 ⟷	r_6 ⟷	⟷	$[a_2, b_1]$
7 ⟷	r_7 ⟷	b_2 ⟷	$[a_2, b_2]$
8 ⟷	r_8 ⟷	⟷	$[a_2, b_2]$
9 ⟷	r_9 ⟷	a_3 ⟷	$[a_3, b_2]$
10 ⟷	r_{10} ⟷	b_3 ⟷	$[a_3, b_3]$
⋮	⋮	⋮	⋮

　右側から2つ目の記号は、閉区間の端の点です。いくつか空欄になっていますが、これらは区間からはみ出したところにプロットされた点であるため、a_n や b_n などの名前がついていないからです。一番右側は、端の点によって作られる閉区間です。

　これからわかることは、nが3以上の場合は、a_n と b_n は交互に並んでいます。

　a_n, b_n, a_{n+1}, b_{n+1}, … （$3 \leq n$）

　また、2以上のnに対して r_n が対応したときに作られる閉区間を $[a_s, b_t]$ とします。このとき、nとsやtの増加のスピードを比較してみます。
　n＝2のとき、すでにs＝t＝1です。さらに、nを1ずつ大きくしていく場合、sやtは必ずしも1ずつは大き

くならず、nの増加よりも遅れて増加していきます。したがって、nとsとtの間には次のような関係があります。

　$s < n$,　$t < n$　　$(2 \leq n)$

　$\{a_n\}$ は単調増加数列なので、$a_s < a_n$
　$\{b_n\}$ は単調減少数列なので、$b_t > b_n$

　これより、$[a_s,\ b_t] \supset [a_n,\ b_n]$ です。

　このとき、r_n は $[a_s,\ b_t]$ の外にあるか、または両端のどちらかの点です。ゆえに、この閉区間よりも小さな閉区間 $[a_n,\ b_n]$ の中には、r_n は存在しません。これより、次なる結論が得られます。

　$r_n \notin [a_n,\ b_n]$

　また区間縮小法により、次なる論理式も得られています。

　$c \in [a_n,\ b_n]$

　これより、$c \neq r_n$ という結論が出てきます。r_n はNと $[0,\ 1]$ の間の一対一対応によって番号がつけられた実数です。したがって、$c \neq r_n$ という式は、実数 c が一対一対

応から漏れている「余っている実数」であることを示しています。

　この結論は、プロットの仕方とは無関係に、常に導き出されます。これより、Nと［0，1］の間には、一対一対応が存在しないことになります。

　すべての実数の集合Rは、Rの部分集合である［0，1］よりも大きいです。したがって、NとRの間にも一対一対応が存在しないことが証明されたことになります。

　以上が、背理法としてのカントールの区間縮小法です。これをさらにエレガントにしたのが、カントールの対角線論法です。しかし、カントールの対角線論法が背理法でなければ、カントールの区間縮小法も背理法ではないことが容易に予想されます。

　では、カントールによって作り出されたこの摩訶不思議な証明を、ミーたんとコウちんがこれからどうやって論破するのか、じっくりとご覧ください。

カントールの区間縮小法　もくじ

まえがき 003
区間縮小法の解説 005
カントールの区間縮小法の解説 008

第1幕
あれから3年後
闇の湖 026
実無限の影響 027
自然数 031
命題 034
交換の法則 038
矛盾した世界 043
真理 046
証明 048
数学 053
嘘つき犬一家 055
仮定 059
数学の安全性 062
無矛盾な数学理論の命題 065
決定不能命題 067
背理法の一般形 070
最も簡単な背理法 074
ゴールドバッハの予想 078

第2幕
無限同好会
パラドックス 086
カントールのパラドックス 089
ゼノンのパラドックス 094
可能無限 097

101 実無限
106 無限大
111 n→∞
115 値と計算
118 排中律
122 無限小数
126 無限集合
131 濃度
137 お見舞い

第3幕
存在しない極限図形

144 ヒデ先生宅
147 幾何学
149 図形
151 点
155 直線公理
158 直線
162 まっすぐ
166 良識
168 お茶の時間
170 空間
175 曲空間
180 円
184 極限図形
188 フラクタル図形
191 昔ながらのフラクタル
196 コッホ曲線
201 カントール集合

第4幕
地球からのお客さん
矛盾 208
真の命題 212
矛盾の証明 215
無矛盾性の証明 219
遠くからのお客さん 223
同値 227
矛盾している数学理論 235
水掛け論 240
信用できない証明 243
数学理論同士の矛盾 246
矛盾している物理理論 249
2つの誤り 253

第5幕
地球人、現る
試作花火炸裂 258
ＵＦＯ出現 262
任意とすべては似ている 266
任意とすべては異なる 268
同義 273
一対一対応 276
数学的証明 278
新記号 282
国語辞典 285
言葉と記号 287
無定義語 292
形式主義 295
論理式の変形 298
定義の否定 300

302 公理的集合論
311 クラス
314 すべての無限集合の集まり
319 すべてのの固有クラスの集まり
322 クラスのパラドックス
324 ペー素
328 無限公理
332 無限公理の2つの解釈
336 実無限公理
339 連続体仮説
344 バナッハ・タルスキーのパラドックス
349 ＺＦ集合論

第6幕
カントールの区間縮小法
354 地球見学
360 共通集合
363 カントールの区間縮小法の秘密
370 知的トリック
376 数えることができる
379 公理
383 公理の運命
387 定理
389 公理の証明不可能性
393 公理の否定
397 公理系
399 公理系の命題
401 公理系の無矛盾性
402 公理1個の公理系
404 公理系の無矛盾性の証明不可能性
408 公理系の完全性

独立命題 410

第7幕
地球への帰還
お出迎え 418
ユークリッド幾何学 421
平行線 428
無限遠点 431
平行線公理 434
うきゅ〜の神様 438
球面上の平行線公理 442
非ユークリッド幾何学の誕生 446
球面モデル 448
平行線公理の解釈 457
非ユークリッド幾何学の矛盾 461
宇宙の形 468
宇宙の大きさ 471
宇宙の数 477
一般相対性理論 481
人間性の公理 487
全面否定 491
お見送り 494

カントールの対角線論法 501
公理系に対する背理法 505
あとがき 508
著者紹介 514

第1幕

あれから3年後

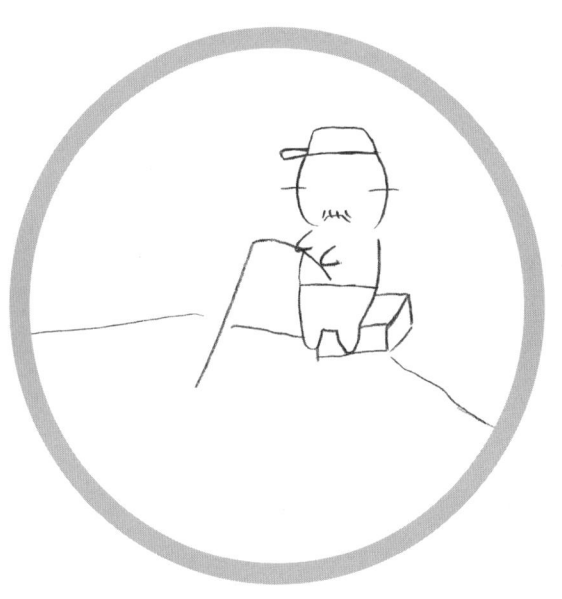

◆ 闇の湖

　闇の湖は、相変わらず静かに横たわっています。薄暗く、どことなく不気味で、ときおり、カラスがカーカー鳴いています。

　その湖面に釣り糸をたらしている男がいます。静かに、じっと動かず、魚が食らいつくのを待っています。どれくらい長い時間が経過したでしょうか。糸がピクンと水面下に少しだけ引き込まれました。2〜3回、それを確認した後、すぐに釣り糸は引き上げられました。

　しかし、魚は針にかかっていませんでした。男は思わず言いました。

「ち！」

　その男は、ジー校長でした。

　正確には、元校長というべきでしょう。ノワツキ学校を定年退官した校長は、今は、闇の湖の警備員として働いています。勤務内容は、闇の湖の研究とその管理です。現在、闇の湖に生息している魚の実態調査をしています。

ジー警備員は、毎日のようにこの湖で釣りをしています。そして、釣りをしながら校長時代のことをよく思い出します。釣りと回想は、彼の日課になっています。

　ジー警備員が退官したあとは、ノブ教頭が校長に昇進しました。一度は数学を可能無限に戻すことに同意しましたが、教頭から校長に出世してからは発言をころっと変えてしまいました。今では、再び実無限擁護派に回り、実無限を支持する中心的立場にあります。

　今ではほとんど顔を合わせることのない２人ですが、いろいろとやりあったことをいつも思い出しています。ジー警備員は、また、釣り糸を闇の湖に垂らしました。そして、以前の記憶がまたよみがえってきました。

◆ 実無限の影響

「わしはあと１年でこの学校を退官する。わしが校長の間に、ぜひとも数学を改革したい。これは、わしの夢だ」
「実無限を数学から排除することでしょうか？」
　ノブ教頭は聞き返しました。
「そうだ」
「実無限に弊害はあるのでしょうか？」

校長室で、ジー校長とノブ教頭は話し合っています。
「間違った概念が存在していると、それを応用してさらに間違った証明や数学理論が作られてしまう。その結果、数学がとんでもない方向に進んでしまうことがある。そして、それに気がついたとき、もはや後戻りできないほどの状態になることがあるんだ」
「でも、それで実害をこうむった人はいません。それに、校長先生の数学は誰も認めていません」
「そりゃそうだ。そもそも、君が反対しているからな。だからノワツキ学校としても統一した見解を世に出すことができないんだ。わしもストレスがたまってきた。気が狂いそうだ」
「お気持ちはわかりますが、時期が早すぎると思います。実無限の排除は、世間に対する影響が大きすぎます。もし実無限が数学から排除されるとなると、世界中の数学の教科書をすべて改訂しなければなりません」
「それはそれは、出版業界が大はやりになる。どの出版社も収益が上がって、経済効果が大きいのではないか？」
「そんな悠長なことを言ってはいられません。数学が大混乱におちいります。そしたら、世の中を混乱させた張本人として、校長先生は危険な目に合う可能性もあります」
　ノブ教頭は、あと１年でジー校長が定年退職することを知っています。その身を案じてのことでしょうか？

「君、間違った数学で被害をこうむった人はいないといったが、今まで、無限を思考して発狂した人がたくさんいたことを知らないのか。精神的に破綻して亡くなった数学者も実際には存在していたんだよ、ノブ教頭」
「知っています」
「無限から出てくるパラドックスは、百年以上も人々を苦しめてきた」
「わかります。無限を思考しなければ、苦しむこともなかったのに…」
　ノブ教頭は、冷やかに言います。
「しかし、人間は好奇心旺盛であり、特に若者にこの傾向は強い。これを食い止めることはできないだろう。理解できないパラドックスに対しては、果敢に挑戦してみたくなるのが若者の心情だ」
「ごもっともです」
「パラドックスの背後に実無限があり、この実無限によってなんと多くの人々の人生が狂わされてしまったことか、考えてみたことがあるのか？　実無限の排除は、これからの若者たちが無限を考えて気がおかしくなってしまったり、一生を棒に振る人生を歩んだりしないためにも、ぜひ、必要なことだ」
「ですから、それには適切な時期というものがありまして、今すぐ行動に移すことは、とてもまずい結果になります」
「なぜ、正しいことをすぐに実行できないのだ？」

「ものごとをうまく行なうためには、それなりのじゅうぶんな準備期間が必要です」
「どのくらい？」
「最低、１０年は見たほうがよいでしょう」

　ノブ教頭は、ジー校長よりも１０才若いです。どうやら、数学から実無限を排除する場合、まかり間違えば反対勢力によって、自分も一緒にノワツキ学校から排除されてしまうことを心配しているようです。発表を１０年間控えておけば、間違いなく今の状況では次期校長になれるし、定年退官も無事にできるはずですから…。

「その間に、矛盾を抱えている無限について思考し続けた若者が、結局は理解できずに発狂したら、いったいどう責任をとるのだ？」

　ジー校長は、ガワナメ星の将来をになう若者たちを心配しています。しかし、この心配はノブ教頭にはあまり届かないようです。

「何ごとも早ければ良いというものではありません。一番大切なのはタイミングです。正しいことをタイミング良く行なうためには、常に犠牲はつきものです」

◆ 自然数

　ジー校長は怒って言いました。
「では、自然数は数えられるか？」
　話の脈絡がわからないノブ教頭は、戸惑いながらも答えました。
「数えられます」
「数えてみろ」
「1，2，3，4，5」
「まだ、6を数えていないぞ」
「じゃあ、6，7，8，9，10，11」
「まだ、12を数えていないぞ」
「きりがないです」
「これは終わりがないということだ。自然数を数え続けることができるけれども、数え終わることはできない。その理由は、自然数が無限にあるからだ」
「いったい、何を言いたいのでしょうか？」
「任意の自然数を数えることができるが、すべての自然数を数えることはできない、ということだ。だから、任意の自然数という用語を含む文と、すべての自然数という用語を含む文とは、まったく正反対の意味を作り出すことがあるのだ」
　ノブ教頭は黙って聞いています。
「だから、無限にあるものに関する文を作る際には、無限

にあるもののうち任意のものに関して言っているのか、あるいは、無限にあるもののうちすべてのものに関して言っているのか、はっきりさせなければいけないのだ」
「任意の自然数は1から順番に作られます。しかし、この方法ですべての自然数を作り上げることはできない、ということをおっしゃりたいのでしょうか？」
「さっきから、そう言っておるではないか」

「でも…」
　ノブ教頭は以前に聞いたことのあるマシンを思い出しました。それは、自然数をすべて数えることができるマシンです。
「ジー校長、すべての自然数をカウントできるマシンがあります」
　校長はびっくりして聞きました。
「なんだ、それは？　どこにあるんだ」
「私の頭の中です。このマシンは、最初の $\frac{1}{2}$ 秒で1をカウントします。次の $\frac{1}{4}$ 秒で2をカウントします。次の $\frac{1}{8}$ 秒で3をカウントします。このマシンを使えば、1秒後にすべての自然数をカウントできます。だから、自然数はすべて数えられます」
　ノブ教頭は、校長室の白板に次のような無限級数の和を書きました。

$$\frac{1}{2} + \frac{1}{4} + \frac{1}{8} + \frac{1}{16} + \cdots = 1$$

「では、1秒後にカウントした自然数は何だ？」
「最後の自然数です」
「だから、それは何だ？」
「たぶん、無限大でしょう」
「無限大は自然数ではない」
　ジー校長とノブ教頭がやり合っている最中に、なにやら変な声が聞こえ始めました。

　えい、ほ

　釣り糸がピクンと動きました。気持ちを集中させようとしますが、遠くから聞こえる声が気になります。その声は次第に大きくなってきました。

　えい、ほ、えい、ほ

　また、釣り糸がピクンと動きました。今引くべきかどうか、ジー警備員は判断に集中しようとします。しかし、声が気になって仕方がありません。さらに近くで声が聞こえるようになりました。

　えい、ほ、えい、ほ、えい、ほ

やがて、釣り糸は動かなくなりました。あきらめたジー警備員が振り向くと、１０人くらいの大柄な男性が同じ紺色の制服を着て、足並みをそろえながら走ってきます。彼らはジー警備員の後ろにくると、ぴたりと止まりました。そして、向き直ってから全員が直立不動で敬礼をしました。

「警備長に敬礼！」

　彼ら全員がタマサイ警備保障の社員です。この会社はノワツキ学校の警備を担当している会社で、その警備長がジー警備員だったのです。敬礼を返された彼らは、再びランニングを始めました。

　えい、ほ、えい、ほ、

　その声が遠のくと、ジー警備員は再び回想を始めます。

◆　命題

　定年を迎えたジー校長は、退官して警備員になりました。それと同時に、ノブ教頭は校長に昇進しました。ジー警備員は、校長室の豪華なイスにふんぞり返るように座っているノブ校長に向かって意見を述べています。

「命題は、もともと証明という行為とは無関係に、あらかじめ真あるいは偽という真理値を持っています」
「ここは私の部屋だ」
「一見して真偽が不明な命題の真偽を、誰が見ても正しいと考えられる命題から出発して、正しいと考えられる推論を使うことによって、求めるべき命題の真偽を導き出すのが証明です」
「私の許可なく、勝手に入ることは許さない」
「∀x P（x）や∃x P（x）という形をしている非命題が存在しています」
「事前に申請書を出したのか？」
「矛盾はP∧¬Pであり、この命題は偽です。したがって、これが真になる場合は、P∧¬Pは非命題です。そのとき、Pも¬Pも非命題です」
「申請書はいつ出したのか？」

　ノワツキ学校では、校長室に入るのにノックだけでは足らず、申請書を提出しなければならなくなっていました。

「それゆえに、矛盾が証明される場合は、非命題が証明されて出てくるということに他なりません」
　あまりにもしつこい問いかけに、ノブ校長は仕方なく答えました。
「では、どうして論理の途中から非命題が混入したんだ？」

「非命題は最初から混入していたのです」
「どうしてだ？」
「偽の命題を論理の仮定に置いた時点から、その偽の命題は命題でなくなります。つまり、非命題です」
「矛盾した数学理論は、非命題から論理をスタートさせているというのか？」
　ようやく相手をしてくれた元教頭に、ジー警備員はほっとしました。
「そうです。ナンセンスな論理式は非命題です」
「いいや、意味のない論理式も命題と考えるのが数学だ」
「意味がなければ、真偽の判定はできません」
「いいや、無意味な命題にも真偽はある」
「その真偽は、人間の主観によって判断されます」
「いいや、命題の真偽は論理式の推論規則による変形によって客観的に判断されるものだ」
　話はいつも平行線です。

「数学における命題はすべてが仮定に過ぎず、真偽を問わなくなっているのだ」
「それじゃあ、数学とは言えないでしょう」
「いや、仮定は仮定、数学は数学だ」
「命題が単なる仮定にすぎないのであれば、命題からなる数学理論も仮定にすぎなくなります」
「そのとおりだ」

「では、理論の真偽も問わないのですか？」

「理論の真偽とは何だ？　そんな真偽などない」

「いいえ、理論にも正しい理論とか間違った理論があります。すべての命題が仮定に過ぎないのならば、すべての理論も仮定にすぎません。そうなったら、理論の真偽などを議論せず、ただひたすら現実をうまく説明できる理論の生産に固執するようになります。その結果、矛盾した理論が数多く生まれ、科学が再び失われていくようになります」

「科学とはそういうもんだ。科学の存在する目的は、真理を追究することではなく、現実の生活を便利にすることにある。便利な生活を手に入れるためには、便利な科学理論が重宝される世の中になっているのだ」

「その考え方は根本的に間違っています。あまりにも便利さを追求すると、最後は矛盾した科学理論に手を染めてしまいます。そして、その中の込み入った矛盾が複雑に絡み合えば絡み合うほど、さまざまな詭弁が混入しやすく、多彩な結論が証明されて出てきます。その結果、その多彩な結論のうちのいくつかが、かえって現実をうまく説明できてしまうことになるでしょう。それを科学の進歩と勘違いしてはいけません」

「いいや、それが科学の本当の進歩だ」

　言い争いは延々と続きます。

◆ 交換の法則

「ノブ校長、最近になってからというもの、わが校の数学の教科書は問題が多いです」
「わが校？ ここは君の学校ではない。君はすでに闇の湖に飛ばされたはずだ」
「あなたが飛ばしたのでしょう」
「いや、理事会で決まっただけだ」
「そんなことよりも…」
　ジー警備員は、ノワツキ学校で使用している数学の教科書を開きました。
「このページをご覧ください」
　そこには、次のような記載があります。

　加減乗除の演算には、交換の法則が成り立つ場合と成り立たない場合があります。足し算と掛け算では、交換の法則が成立します。

　$a + b = b + a$
　$a \times b = b \times a$

　しかし、引き算と割り算では交換の法則が成り立ちません。

$a - b \neq b - a$

$a \div b \neq b \div a$

＋や－という演算記号をたった１つの記号で表すと、次のようになります。

$a ☆ b = b ☆ a$

これは、加減乗除の交換の法則を一般化した命題です。a☆b＝b☆aは、足し算と掛け算では真の命題になりますが、引き算と割り算では偽の命題になります。このように、命題というものは、そのときどきによって真になったり偽になったりすることがあります。

「それは私の書いた文章だ。どこに文句があるのだ」
「この文章には、巧妙なワナが仕掛けられています」
「失敬なことを言うな！　私は子供たちにワナなど仕掛けてはいない。a☆b＝b☆aという命題は、足し算と掛け算では真の命題であり、引き算と割り算では偽の命題だ」
「いいえ、それは間違った考え方です」
「私の記載に間違いなどあるわけないだろう！」
「いいえ、間違っています。☆という記号は、＋－×÷の４つのうちのどれかを表しているだけです。どれをあらわしているかが決まっていないうちは、a☆b＝b☆aは命

題ではありません」

「記号がどれか定まらないうちは命題ではないというのか？」

「そうです。ただ単に a☆b ＝ b☆a と書いた場合は、この等式は命題ではありません」

「いいや、a☆b ＝ b☆a という式は、＋、－、×、÷ を含む下記の式を一般化した式だ」

a ＋ b ＝ b ＋ a
a － b ＝ b － a
a × b ＝ b × a
a ÷ b ＝ b ÷ a

「これらが１つ１つ命題であれば、これらを一般化したものも命題だ。だから、a☆b ＝ b☆a も立派な命題だ」

「しかし、まだ☆の段階では、この４つの記号のうちのどれかを明確に示せないから、まだ定義されていないことになります。定義されない記号を含む式は、命題とはいえません」

「定義されない用語を含む文は命題でないと言ったり、定義されない記号を含む式は命題ではないと言ったり、本当に君は否定的な男だな」

「校長先生、定義が失われることによって意味も失われます。意味が失われれば、式や命題から真理値までもが失わ

れてしまいます」
「それがどうした？」
「真理値のない命題は、もはや命題ではありません。定義がなされないことで、数学内に非命題があふれかえっています」
「そんなことはない」
「そんなことはある」
　２人は正反対のこと言い合いながら、つばを飛ばし合っています。
「出て行け！」
「出て行きません！」

　ノブ校長は、ポケット内に忍ばせてあった小型の携帯用非常ボタンを押しました。それと同時に、１０人くらいの大柄の男たちが校長室になだれ込んできて、ジー警備員の上に次から次へとのしかかってきました。
　ジー警備員は息が苦しくなって叫びました。
「お、お、お前ら。わしを誰だと思っているのだ！」
「警備長です」
　男たちは、ジー警備員を取り押さえながらいっせいに敬礼をしています。今度は、ノブ校長が叫びました。
「早く、この男をつまみ出せ！」
　男たちは、ジー警備員を校長室の外に連れ出し、敬礼をしながら走り去って行きました。鍵をかけられた校長室の

ドアの外では、ジー警備員が1人たたずんでいます。やがてとぼとぼ歩き出し、また以前と同じように校長室を後にしました。今度は、いつ、この校長室にやってくるのでしょうか。

　あたりが静かになったあと、ノブ校長は床にひれ伏しました。
「校長先生、申し訳ありません。校長先生のおっしゃることはもっともです。でも、私にはそれができないのです」
　ノブ校長の声は震えています。
「校長先生は独身ですが、私には親も妻も子もいるのです。もし実無限の排除がうまく行かなかったら、私はその責任をとってこの学校を追放されるかもしれません。そしたら、私は妻子を養うことができなくなります」
　そういって、ノブ校長は大粒の涙をぽろぽろ流しています。その涙は赤いじゅうたんの上にこぼれ落ちて、やがてじゅうたんの中に染み込んでいきました。でもよく見ると、じゅうたんのあちこちに、同じような古いしみが見られます。ジー校長のときには、こんなにたくさんのしみはできていませんでした。

◆ 矛盾した世界

「あなたー！」

　ジー警備員ははっとしてわれに返りました。岸から声が聞こえます。

「ごはんができましたよー！」

　ジー警備員は釣り道具をたたんで肩に担ぐと、軽い足取りで自宅に向かいました。魚は1匹も釣れなかったのに、そして、またいつもの嫌な回想に悩まされたのに、心は暗く沈んではいませんでした。

　湖のほとりに居を構えたジー警備員は、同じくノワツキ学校で掃除を担当していたケイおばさんと、先月に結婚したばかりです。2人は、仲良く暮らしています。ケイおばさんは、いつも自分のことをケイさんと呼んでほしいと言っています。

　鼻歌まじりのジー警備員は、玄関の近くにある大きな犬小屋の前を通って自宅に入りました。すると、ダイニング・ルームでケイさんが「真実の迷探偵」という番組を見ていました。ジー警備員とケイさんは、テレビをよく見ま

す。特に、この真実の迷探偵の番組が大好きです。

「おお、もう始まっているのか」
「早く、席について。ご飯をよそりますよ」

　ジー警備員は手を洗った後、さっそく席に座りました。それと同時に次のようなセリフが聞こえました。

　真実はいつも１つである。

　キッチンに立ったケイさんは、手早く食事の準備をしました。２人は一緒に食事しながら、テレビを真剣に見ています。

　ようやく番組は終わりましたが、食事はまだ続いています。ケイさんは聞きました。
「『真実はいつも１つである』は、真実ですか？」
　突然まじめなことを聞かれたジー警備員は、一瞬とまどいました。
「もちろん、真実は１つだ。だって、この言葉に反論している人をわしは見たことがない」
「それはテレビの中での話でしょ？」
「テレビの外でも同じだ。真実は２つある、と主張している人をわしは知らない」

ケイさんは、最近になって数学を勉強し始めました。
「あなたは昨日、お水を飲んだわ。これも真実でしょう。今日はジュースを飲んだわ。これも真実でしょう。そしたら、お水とジュースという2つの真実があるわ」
「そういう意味での真実ではない。わしは昨日、水を飲んだことはまぎれもない真実だ。このとき、昨日わしは水を飲んでいないという真実があってはならないということだ。相反する2つの真実は共存できないということだ」
「それって、私たちの住むこの世の中が矛盾していないということを前提にしている話でしょう。この世の中が矛盾していないという証明は存在しないから、真実が複数あってもいいのじゃないのかしら？」

　ケイさんは真実の迷探偵の前に、別の番組を見ていました。それは、この宇宙には複数の宇宙があって、それらが同時に存在しているというストーリーの番組でした。そこでは、真実は複数存在していました。いくつもの宇宙に自分が同時に存在しています。ある宇宙の自分は水を飲み、同時に、別の宇宙の自分はジュースを飲んでいました。

「この世の中はもともと矛盾している、という考え方は認められない」
「あなたは本当に頑固なのね。もっと豊かな想像力を持ってみたらどうかしら？　そのほうが、夢があって楽しいわ」

「そういう問題ではない。数学も物理学も、この世の中が矛盾していないということを大前提にして存在しているのだ。もし、この世の中が矛盾している世界ならば、その中で矛盾のない理論を作ることには、もはや何の意味はない」

　はたして、矛盾した世界の中において、矛盾のない理論を作ることができるのでしょうか？　そして、矛盾のない理論で、矛盾した世界を説明することは可能なのでしょうか？

「むしろ、矛盾した数学理論や矛盾した物理理論をたくさん作って、それらを用いて矛盾した世界を説明するほうがずっと便利だろう」

◆ 真理

「『真実は1つである』は絶対的な真理だ。数学を勉強することは、絶対的な真理を追究することでもある」
「でも、この世の中には絶対的な真理など存在しないという人もいるわ。この意見に対してはどう思うの？」
　ケイさんは、次のような文章を書いて、ジー警備員に見せました。

この世の中には、絶対的な真理など存在しない。

「この世の中は、すべて相対的なものだというのか？」
「なかなか優れた考え方でしょう」
　ケイさんはわれながら自慢しました。
「しかし、これは認められない」
「どうして？」
　ジー警備員は一呼吸おいて答えました。

「『この世の中には絶対的な真理など存在しない』という発言自体が、そもそも絶対的な真理を1つ述べているからだ」
「なるほどね。じゃあ、この世の中はすべて相対的なものであるという考え方も、自分で自分の首を絞めている言葉なのね」
「そうだ。張り紙禁止という張り紙を張るようなものだ。『この世の中はすべて相対的である』という発言が、例外を1つも認めない絶対的なものであることに気がつかなければならない」
　ケイさんは、さすがジー警備員がノワツキ学校の校長を長年勤めてきただけのことはあると思いました。

「10進法では、1＋1＝2である」
「は？」
　よく聞こえなかったケイさんは聞き直しました。ジー警

備員はつけ加えました。
「これは、絶対的な真理だ。未来永劫に正しい真理だ」
　ジー警備員は繰り返してつぶやいています。
「操作を無限に行うということは、この操作には終わりはないということだ。これも、未来永劫に正しい絶対的な真理だ」
　どうやら、可能無限が絶対的に正しいことを言いたいようです。
「また、同じこと言っているわね」
「正しいことは、何度も言わなければならない」
「でも、社会ではそれは通用しないことがあるわ。正しいことを言った場合、それで傷つく人もいるのよ。正しいことを言わないほうがよい場合もあるし、正しいことを言ってはならないこともあるのじゃないのかしら？」

　ジー警備員はこの意見には賛成できないようです。しかし、大変難しい問題を含んでいるので、あえて言及せずに話題を変えました。

◆　**証明**

「証明に関しても、昔と今ではだいぶ考え方が代わってきている」

ジー警備員は証明の歴史を述べ始めました。
「昔の証明は、公理から定理を導くまでの過程を指していた。でも、数学が進歩した現在では、これは次のように変化した」

　証明とは、事前に認められた記号から、事前に認められた推論規則と呼ばれる記号の変形のルールのみを用いて、ただ単に形式的に記号を変形していく過程である。この考え方を形式主義と呼ぶ。

「証明とは記号の変形のことなの？」
「そうだ。記号を機械的に変形することが証明だ」
「いいえ、あなた。違いますよ。証明は、決して形式上だけの記号変形を行っているわけではありません。実際は、仮定の意味を考えながら意味による変形を繰り返しています」
　ジー警備員は、おやっと思いました。
「ある記号から次の記号に移動するとき、推論規則による記号の変形だけに頼っているわけではありません」
　最近、ケイさんは数学の勉強にこっていて、ジー警備員も驚くほどの成果を挙げています。

「では、証明された命題は真なのかな？」
「いいえ、あなた。証明された命題は真であるという先入

観は危険です。間違って証明された命題は、真であることもあれば、偽であることもあります。また、偽の命題から証明された命題も、真であることもあれば、偽であることもあります」

ジー警備員は、ほれ直しました。

「証明された命題でも、問題のあるのは次のような命題でしょう」

（1）真の命題から間違って証明された命題
（2）偽の命題から正しく証明された命題
（3）偽の命題から間違って証明された命題

「よくできたな。これらの証明によって得られた命題の真偽は、当たっていることもあれば、外れていることもある。でも、そもそも証明されたということはどういう意味なのかな？」
「人類が、その証明を見つけたという意味です」
「では、証明されないとは？」
「証明をまだ見つけられない、という意味です」
「そうだ。しかし、これでは命題化が難しいから、次のように取り決めよう」

「証明される」や「証明された」とは、原則として「正し

い証明が存在すること」とみなす。

　正しい証明が存在することを証明可能といいます。証明可能の性質を証明可能性といいます。反対に、正しい証明が存在しないことを、証明不能や証明不可能といいます。
　では、正しい証明とはいったいなんでしょうか？数学の専門用語を突き詰めていくと、最後は日常レベルの言葉に到着してしまいます。これには例外がないようです。

「では、証明されないとは、正しい証明が存在しないことよね」
「そうだ、証明を見つけられないことではない。たとえば、XとYを次のように置いてみよう。そして、これらを命題と仮定しよう。左側に命題の記号を書き、右側に命題の内容を書いてみた」

　X：数学理論Zに矛盾が存在する。
　Y：数学理論Zに矛盾が存在することが証明される。

「数学理論Zに矛盾が存在することが証明されたとする。その場合、次なる論理式が真になる」

　$Y \to X$

「われわれのおちいりやすい間違いは、逆もまた真なりと思ってしまうことだ。そのため、X→Yも真であると思ってしまうことがある」

「『存在すること』と『存在が証明されること』は意味がまったく異なるから、XとYは同値ではないと言いたいのね。あなたの言いたいことくらいわかりますよ」
「ほほう、どのようにわかるのだ?」
「これよ」
　そういって、ケイさんはたくさんの式を書きました。

　真である ≠ 真であることが証明される
　真である命題 ≠ 真であることが証明される命題

　偽である ≠ 偽であることが証明される
　偽である命題 ≠ 偽であることが証明される命題

　矛盾している ≠ 矛盾していることが証明される
　矛盾している理論 ≠ 矛盾していることが証明される理論

　無矛盾である ≠ 無矛盾であることが証明される
　無矛盾な理論 ≠ 無矛盾であることが証明される理論

　ジー警備員はこれら1つ1つの式を見て、うなずいてい

ました。

◆ 数学

「よくわかったな」
「あなたのおかげよ」
「そうか」
「ところで、数学の最も大きな問題とは何かしら？」
「もう、そこまで行ったのか。驚いた。数学で一番問題になるのは、数学には矛盾が存在するかしないかだ」
「ふ〜ん」
「数学には無数の命題が存在する。それらの命題は、真の命題と偽の命題の2つに分けられる」
「そして、数学には無数の数学理論が存在するのね。そして、それらの数学理論は、無矛盾な数学理論と矛盾した数学理論の2つに分けられるのね」

　無矛盾とは矛盾が存在しないことです。また、このような性質を無矛盾性とも言います。

「無矛盾な数学理論のことを、俗に正しい数学理論と呼んでいる」
「そして、矛盾している数学理論のことを、一般に間違っ

ている数学理論と呼んでいるのね」

ジー警備員とケイさんは実に息が合っています。

「でも、数学はもともと無矛盾よ」
「なに？」
「だって、数学が論理の対象として命題の真偽を議論するのでしょう。ならば、『**命題とは真であるか偽であるか、どちらか一方のみの真理値が決定している数学の対象物である**』と定義した時点で、**矛盾した命題（いわゆる矛盾）が存在しなくなるわ**」
「なぜだ？」
「真かつ偽の命題は命題ではなくなるからよ」
「あ、そうか」
「これが、数学の無矛盾性の証明よ」
「こんな簡単なことに、気がつかなかったとは…」

数学を教えていた生徒に、逆に数学を教えられた先生は、その生徒を見直しました。

確かに、命題を「真であるか偽であるかが、はじめから決定している数学の対象物」と定義すれば、数学が無矛盾になります。なぜならば、この定義が数学から矛盾（真であり、かつ、偽である数学の対象物）を自動的に排除してくれるからです。したがって、あらためて数学の無矛盾性を証明する必要はありません。

「真偽を持たない命題や、真偽を両方持つ命題は存在しないのよ。これを守る限り、数学は無矛盾ですよ、あなた」
「もし、『真偽を両方とも持っている命題が存在する』としたらどうなるのだ？ あるいは、『命題の真偽は理論に依存する』と考えたときはどうなるのだ？」
「数学が無矛盾である最も大切な根拠を失うことになります。これは、当たり前のことじゃないのかしら？ あらかじめ真であるか偽であるかが決定していないような命題があるならば、それを含む数学自体が矛盾しているか矛盾していないかも決定しなくなるわ」
「その結果、数学の無矛盾性を改めて証明する必要が出てきたのか…」

 結局、「数学の無矛盾性」は「命題の無矛盾性」に還元されます。しかし、数学の無矛盾性と数学理論の無矛盾性は根本的に異なっています。

◆ 嘘つき犬一家

 2人は、ようやくご飯を食べ終わりました。ケイさんは、別に作ってあったご飯を持って庭に向かいました。そこには、大きな犬小屋があります。その家の周囲には、イルミネーションが飾ってあって、夜になるととてもきらびやか

になります。

「さあ、ご飯の時間ですよ」
　そういって、ご飯を差し入れしました。中からは、あの大きな嘘つき犬が出てきました。相変わらず、全身真っ黒の毛むくじゃらです。
「ありがとう」
　次に出てきたのは、チヨぴーでした。
「いつも、どうもありがとうございます」
　その次に出てきたのは、3匹の子犬でした。
「わんわん」

「みんな元気にしてる？」
　ケイさんの問いかけに、みんなは答えました。
「おいらは元気さ」
「私も元気よ」
「わんわん」

　嘘つき犬とチヨぴーは、あの取っ組み合いのけんかの後、急速に親しくなりました。闇の湖で何度もデートを重ね、将来の夢を話し合い、2匹はめでたく結婚したのでした。結婚式は闇の数学講座の教室で大々的に行なわれ、ジー校長やノブ教頭や在校生や卒業生までもが参加してくれました。そして、今では犬夫婦は3匹の子宝に恵まれています。

ケイさんは、毎日、嘘つき犬一家にご飯を差し入れしています。
「すまないねえ。おいらの稼ぎがないために…　夢を実現することは難しいのお」
「いいのよ。そのうち、あなたに合った良い職が見つかるでしょう」
「犬を採用してくれる職場が限られているからな。職安に行っても、あまり相手にされないのだ」
「あなたほどの高度の論理力を持っていたら、どの職場でもたくさんの問題を解決できるでしょうに…」
「現実は厳しい。おいらは犬であることをいつも恨めしく思っている」
「わんわん」
　子犬たちは、父親の周りを走り回っています。
「純香（じゅんか）、優華（ゆうか）、愛里花（あいりか）、おとなしくしていなさい」
「は〜い」

　なんという地球風の名前でしょう。チヨぴーは宇宙インターネットで、犬の赤ちゃんの名前のつけ方の本を注文し、わざわざそれを地球から送ってもらいました。妊娠中にその本を読みながらつけた名前でした。

「でも、子供たちの顔を見ていると、おいらは犬でよかっ

たとつくづく思う。もしおいらが犬でなかったら、この子らにも会えなかったからな」
　父犬の目が細くなり、目じりが垂れてきました。
「特に、寝顔がかわいくてな。3匹の娘たちはおいらにそっくりなんだ」
「私のほうに似ています」

「お〜い」
　家の中からジー警備員の声が聞こえました。
「今ね、あの人と数学について論じているのよ。ごめんなさいね」
　ケイさんは、家の中に入っていきました。

「純香」
「な〜に？」
「愛里花のオムツを交換してあげて」
「お母さん、何で私がそんなことしなきゃいけないの？」
「あなたはもう大人なんだから、文句を言わずにやりなさい。優華のオムツは私がかえるから」
「あたい、オムツが取れたばかりだから、大人なんかじゃないもん…」
「お父さん、そこにあるゴミを外に捨ててきてちょうだい」
「何でおいらがこんなことを…」
「いいから、やってちょうだい」

嘘つき犬一家は育児の真っ最中でした。いつものほほえましいオムツ交換の光景が始まります。嘘つき犬はつぶやきました。
「ケイさんたちは数学について論じているのか… なつかしいなあ…」
「あなたもしばらく、数学から遠ざかっていたわね」
　子育てに専念しながら職を求めるという生活に、嘘つき犬はちょっぴり疲れていました。
「ああ、おいらたちも少し、論じてみるか？」
「気分転換にそうしましょう。ただし、ゴミを捨ててきてからね」
「わんわん」

◆　仮定

「証明は仮定から始まる」
　ゴミを捨て終わった嘘つき犬は、厳かに言い出しました。
「仮定とは、証明するにあたって前提とするいくつかのもの指すのだ」
「そして、仮定と証明、この２つが１つの数学の理論を作り出すのね」
　チヨぴーも加わります。
「そうだ。どのような理論にも前提とする仮定が存在する。

この仮定が間違っていれば、理論全体が間違いになる」
「わんわん」
「数学では、次の命題は真である」

　数学理論の仮定はすべて真である。

「しかし、次の命題は必ずしも真とは限らない」

　　数学理論の仮定はすべて真の命題である。

「最後に命題がついているかついていないかで、大きな違いが出てくるのね」
「そのとおり。数学理論では、その理論が矛盾していようが矛盾していまいが関係なく、仮定は常に真とみなされる。つまり、偽の命題でも真とみなされるのだ」
　純香は、オムツを交換しながら聞きました。
「お父さん、偽の命題も真とみなされるの？」
「そうだ。**仮定に置くということは、それを真と決めつけることだ。偽の命題を仮定に置くということは、偽の命題を真と決めつけることだ**」
「偽の命題が真の命題として扱われるのね…　ここで、もう矛盾が発生しているのね」
「つまり、こういうことだ」

偽の命題を仮定として有する数学理論は、矛盾した数学理論である。

「この対偶も真だから、次のことも言える」

　無矛盾な数学理論（矛盾が存在しない数学理論）は、偽の命題を仮定として有しない数学理論（真の命題のみを仮定として有する数学理論）である。

　オムツを交換してもらった愛里花は言いました。
「偽の命題Pを理論の仮定に置いたとき、その時点で**本来の偽の命題Pは真かつ偽の対象物P'**に変化しているんだよね」
　いつの間にか、子犬たちは数学を論じるほどに成長していました。チヨぴーにオムツを替えてもらった優華も質問しました。
「すると、それはもはや命題ではなく非命題だわ。P'は非命題よね？」
「そうなる」
「矛盾している数学理論は、非命題から論理をスタートさせているのね。すると、得られる結論もすべて非命題にならないの？　矛盾した数学理論には命題が１個も存在しないの？」
「いや、それは違う。矛盾している数学理論といえども、

非命題ではない仮定も存在するであろう。それらを用いて証明された場合は、きちんとした命題が証明されて出てくる」

「わかったわ。真の命題だけを使った場合は命題が出てくるけれども、偽の命題を使ったときは非命題が出てくるのね。命題が証明されたり、非命題が証明されたり、さまざまな顔を持つのが矛盾した数学理論ね」

「そのとおり」

◆ 数学の安全性

　嘘つき犬は、子供たちに数学が扱う対象物の説明を始めました。

「数学が扱う対象物をPとする。そのとき、Pは下記のいずれかである」

（1）真の命題
（2）偽の命題
（3）非命題（真の命題でも偽の命題でもない）

「数学理論を作るときには、まず仮定を作る。このとき、**Pを仮定する**とは**Pを真の命題と仮定する**の略である。これより、仮定を作る場合は次の3通りがある」

（1）真の命題を真の命題と仮定する。
（2）偽の命題を真の命題と仮定する。
（3）非命題を真の命題と仮定する。

「もし偽の命題を理論の仮定に置くと、その命題は真としての論理的な役割をも果たすようになる。つまり、その命題は真かつ偽になる。これは矛盾そのものだから、偽の命題を理論の仮定に置いた数学理論は矛盾している」

上の2匹の姉は真剣に聞いていますが、愛里花は大きなあくびをしています。
「Pを数学理論Zの命題とする。このとき、A，B，Cを次のように設定し、これらが命題であると仮定しよう」

A：数学理論Zの仮定はすべて真の命題である。
B：命題Pは数学理論Zの仮定から証明される。
C：命題Pは真である。

「数学理論Zの仮定がすべて真の命題であって、命題PがZの仮定から証明されるならば、命題Pも真である。これを論理式で表すと次のようになる」

（A∧B）→C

「これは、さらに次のように変形できる」

第1幕　あれから3年後　63

$(A \wedge B) \to C$
$\equiv \neg(A \wedge B) \vee C$
$\equiv (\neg A \vee \neg B) \vee C$
$\equiv \neg A \vee (\neg B \vee C)$
$\equiv \neg A \vee (C \vee \neg B)$
$\equiv (\neg A \vee C) \vee \neg B$
$\equiv (\neg A \vee \neg \neg C) \vee \neg B$
$\equiv \neg(A \wedge \neg C) \vee \neg B$
$\equiv (A \wedge \neg C) \to \neg B$

「ゆえに、$(A \wedge \neg C) \to \neg B$ も真である。これは、次のような意味を持っている」

「数学理論Ｚの仮定がすべて真の命題であって、かつ、Ｐが偽の命題である」ならば、ＰはＺの仮定から証明されない。

「これより、真の命題からスタートすれば、偽の命題が証明されて出てくることはない」

　真の命題をもとに正しい証明を繰り返している限り、数学はその安全性が未来永劫に保証されていることになります。これは、１つの絶対的な真理です。

◆ 無矛盾な数学理論の命題

「命題は、すでに真偽を有する。その命題を組み合わせて、それらを仮定として設定することによって、数学理論を作るのだ。したがって、でき上がった数学理論には『真の命題のみを仮定として有する数学理論』と『偽の命題が仮定の中に含まれている数学理論』の2種類に分けられる」

【数学理論の分類】
（1）真の命題のみを仮定として有する数学理論
（2）偽の命題が仮定の中に含まれている数学理論

「一方では、数学理論には『矛盾した数学理論』と『無矛盾な数学理論』がある」

【数学理論の分類】
（3）矛盾した数学理論
（4）無矛盾な数学理論

「両分類の関係を明らかにする必要があるのよね」
「その前に、おいらたちは数学理論とその数学理論の扱う命題の関係を明確に定義しなければならない。そこで、次のように数学理論の命題を定義することとしよう」

＜数学理論の命題の定義＞
数学理論Ｚの命題とは、次の４種類である。

（１）数学理論Ｚの仮定
（２）数学理論Ｚの仮定の否定
（３）数学理論Ｚの仮定から証明される命題
（４）数学理論Ｚの仮定から証明される命題の否定

「これらによって作られる命題だけが、この数学理論Ｚの命題であるとする」
　犬にしては大胆な定義です。

「（３）と（４）で行なわれる証明とは、直接証明だけなの？」
「いや、間接証明でもかまわない」
「間接証明とはな〜に？」
　子犬たちが聞きます。
「背理法だ」
「お父さん」
「ん？」
「この定義だと、数学理論は命題の集合になりますよ」
「そうだ。数学理論が集合で、その数学理論に属する命題が、その集合の要素になっている」

数学理論を無限集合とみなし、その中に存在する命題を無限集合の要素とみなす考え方は、新しい発想かもしれません。もちろん、この無限集合は実無限による集合ではなく、可能無限による無限集合です。

「となると、ある数学理論に関しては、**その数学理論に所属する命題**と**その数学理論に所属しない命題**があることになるんじゃない？」
「そうだ」
「ところで、数学理論には無矛盾な数学理論と矛盾した数学理論があるよね。この定義は、どちらの数学理論について述べているの？」
「もちろん、無矛盾な数学理論だ」

　ここで、新たな疑問が出てきます。それは、「矛盾した数学理論の命題」というものは、いったい、どう定義されるのであろうか？　という問題です。

◆ 決定不能命題

「真偽を決定することができない命題を決定不能命題という。では、無矛盾な数学理論について、これから述べるぞ」
　嘘つき犬は言いました。

「無矛盾な数学理論にも扱えない命題が存在する。それは、その数学理論に所属しない命題である」
　チヨぴーは、子供たちにお乳をあげながら静かに聞いています。
「数学理論には、その理論に所属する命題と、所属しない命題がある。これは、命題を数学理論の内部と外部に分けて考える発想だ。内部の命題は、数学理論の扱う命題であり、外部の命題はその数学理論では扱わない命題だ」
　3匹の子犬たちは、お乳を奪い合いしています。
「無矛盾な数学理論の内部には、仮定・仮定の否定・仮定から証明される命題・その否定という4種類の命題がある。これらの命題の真偽は決定している」

「外部の命題は？」
「数学理論の外部に存在する命題は、その数学理論の仮定から証明されない。つまり、命題であるから真偽が決まっているにもかかわらず、その数学理論を用いることによって証明されないのだ」
「つまり、どの無矛盾な数学理論に関しても、真偽が決定しない決定不能命題が無数に存在するというのかしら？」
「どうして『無数に存在する』といえるのだ？」
「だって、たとえば、1＋1＝2という命題は、ユークリッド幾何学の公理からは証明できないでしょう」
「できない」

「それに、 $1+1\neq 2$ という命題も、ユークリッド幾何学の公理からは証明できないでしょう」

「証明できない」

「これより、命題 $1+1=2$ および $1+1\neq 2$ は、ユークリッド幾何学における決定不能命題ですよね」

　お母さんの答えに反応して、上の娘が感心しました。

「へえ、決定不能命題って、簡単に作れるのだね」

「そうよ。ついでに言うと $1+2=3$ も決定不能命題であり、 $1+3=4$ も決定不能命題よ」

「なるほど、だから決定不能命題は無数に存在するのか。さすが、わしの妻だ」

「命題の決定不能性を論じるときは、どの数学理論からの決定不能を問題としたいのかを明らかにしないと意味がないわ。なぜならば、決定不能命題とは、結局は理論の外に存在する命題のことだからね」

「なんだ、簡単だね」

「真理は常に簡単よ」

「おい、チヨぴー」

「な〜に？」

「理論の内部に存在する決定不能命題もあるぞ」

「それは何？」

「公理だ。公理の真理値を決定する手段は、直感しか存在しない」

「ところで、矛盾している数学理論には決定不能命題は存在するの？」
「それが大きな問題なのだ。矛盾している数学理論の決定不能命題を論じる前に、矛盾している数学理論の命題を定義しなければならない」
「じゃあ、それは、どのように定義されるの？」
「それがうまく定義できないのだ」
「どうして？」
　子供たちの質問に、嘘つき犬は甘い顔をして丁寧に答えます。
「矛盾している数学理論の場合、理論内の命題と理論外の命題というぐあいに、命題を2つにくっきりと分けることができないからだ」
「そうよ。何しろ、矛盾した理論からは非命題まで証明されて出てくるのですからね…　だから、矛盾した数学理論の扱う命題を無理に定義することはないと思うわ」

◆ 背理法の一般形

　お乳を飲み終わったあと、3匹の子犬たちそろそろ眠くなってきたようです。子犬たちのゲップを聞いて、嘘つき犬はちょっと話題を変えました。
「では、次に背理法に移ろう。背理法は、ある命題Pを証

明するために、Pの否定である¬Pを仮定することから始まる。その結果、矛盾（ある命題とその否定が同時に真になること）が出てきたら、仮定である¬Pを否定して、『Pが真である』という結論を下すことができる」

「どんなときに使われるの？」

「$\sqrt{2}$ が無理数であるという証明などだ。背理法は、数学においてはなくてはならない存在だ」

「ふーん」

　聞きながら、純香の目が閉じそうです。

「あ～あ」

　愛里花は大きなあくびをしています。でも、優華だけは真剣に聞いています。

「次のようなn個の仮定E_1, E_2, E_3, …, E_nを有する数学理論Zを考えよう。左側に理論の記号を書き、右側にその仮定を列挙してみる」

　$Z：E_1$, E_2, E_3, …, E_n

「Zの仮定からQが証明され、かつ¬Qも証明されたとする。これは、矛盾（Q∧¬Q）が証明された、あるいは、パラドックスが出てきたことを意味している。すると、次なる2つの論理式は真である」

$(E_1 \land E_2 \land E_3 \land \cdots \land E_n) \to Q$
$(E_1 \land E_2 \land E_3 \land \cdots \land E_n) \to \neg Q$

「ここで$E_1 \land E_2 \land E_3 \land \cdots \land E_n$をEと置く。すると、論理式は次のように簡単になる」

$E \to Q$
$E \to \neg Q$

「これらがともに真であるから、次の論理式も真だ」

$(E \to Q) \land (E \to \neg Q)$

「これを変形してみよう」

$\quad (E \to Q) \land (E \to \neg Q)$
$\equiv (\neg E \lor Q) \land (\neg E \lor \neg Q)$
$\equiv \neg E \lor (Q \land \neg Q)$
$\equiv \neg E \lor O$
$\equiv \neg E$
$\equiv \neg (E_1 \land E_2 \land E_3 \land \cdots \land E_n)$
$\equiv \neg E_1 \lor \neg E_2 \lor \neg E_3 \lor \cdots \lor \neg E_n$

「Oは恒偽命題の論理記号だ。これは、他の命題の真理値

とは無関係に常に偽になる命題である」

　嘘つき犬は真理値表も書きました。

Q	¬Q	Q∧¬Q	O
1	0	0	0
0	1	0	0

　　∴ $Q \land \neg Q \equiv O$

「この結論は、$\neg E_1$, $\neg E_2$, $\neg E_3$, …, $\neg E_n$ のどれかが真になれば成り立つ。つまり、E_1, E_2, E_3, …, E_n のうちのいずれかは偽である。これより、次なることが言える」

**　n個の仮定 E_1, E_2, E_3, …, E_n から矛盾が証明されて出てきた場合、それらのどれかを否定することができる。（ただし、そのうちのどれを否定できるかはこの背理法だけでは判断できない）**

「これが、背理法の一般形だ」
「あなた」
「ん？」
「どれかを否定することができる、という表現は弱いわ」
「じゃあ、どう言えばいいんだ？」

「どれかを否定しなければならない、よ」
　チヨピーは、次のように書き直しました。

　n個の仮定E_1，E_2，E_3，…，E_nから矛盾が証明されて出てきた場合、それらのどれかを否定しなければならない。

それにうなずいている父犬のお腹が、ぐーと鳴りました。

◆ 最も簡単な背理法

「お前も言うときは言うなあ。ここで、n＝1と置いた場合が、次なる最も簡単な背理法になる」

　仮定E_1から矛盾が出てきた場合、E_1を否定することができる。

「いや、表現を変えてみよう」

　仮定E_1から矛盾が出てきた場合、E_1を否定しなければならない。

「そうね、これからあなたたちが子犬小学校に入学して、

数学の授業で最初に学ぶのは、このタイプの背理法（仮定が1個の場合のみ）です。では、それを再び具体的に考えてみましょうね」

今度は、母犬のお腹がくーと鳴りました。夫婦で目を合わせましたが、嘘つき犬は続けます。

「次のようなn個の仮定E_1，E_2，E_3，…，E_nを有する数学理論Zを考えよう」

$Z：E_1$，E_2，E_3，…，E_n

「次に、真偽が不明な命題Fを導入してみる。もし、E_1，E_2，E_3，…，E_nからFが直接証明されれば、Fは真だ」
「Fは真の命題なの？」
「いや、そうは言っていない。Fは真だ」
「だから、Fは真の命題なのでしょう？」
「いや、Fは真の命題ではなく、真だ」

子供の質問に対して、嘘つき犬は否定しながら話を先に続けます。

「E_1，E_2，E_3，…，E_nから¬Fが直接証明されれば、Fは偽だ」
「Fは偽の命題なの？」
「いや、そうは言っていない。Fは偽だ」

再び、嘘つき犬は否定しました。

「もし、どちらの証明もうまく行かないときは、背理法を試すことになる。直接証明が不可能ならば、間接証明に頼るのだ」

「押してもだめなら引いてみな、ね」

チヨぴーは優しく言いました。

「そうだ。$E_1, E_2, E_3, \cdots, E_n, F$ から矛盾を証明しようと試したり、$E_1, E_2, E_3, \cdots, E_n, \neg F$ から矛盾を証明しようと試したりするのだ」

優華は真剣に聞いています。

「ここで、もし $E_1, E_2, E_3, \cdots, E_n, F$ から矛盾が証明されたとする。すると、次なる2つの論理式は真になる」

$$(E_1 \wedge E_2 \wedge E_3 \wedge \cdots \wedge E_n \wedge F) \to Q$$
$$(E_1 \wedge E_2 \wedge E_3 \wedge \cdots \wedge E_n \wedge F) \to \neg Q$$

「この論理式を変形すると次なる結論が得られる」

$$\neg E_1 \vee \neg E_2 \vee \neg E_3 \vee \cdots \vee \neg E_n \vee \neg F$$

「ここで、数学理論Zが無矛盾であるとする。そうすると、$E_1, E_2, E_3, \cdots, E_n$ はすべて真($\equiv I$)だから、これを代入する。I は恒真命題の論理記号だ」

$$\neg E_1 \vee \neg E_2 \vee \neg E_3 \vee \cdots \vee \neg E_n \vee \neg F$$
$$\equiv \neg I \vee \neg I \vee \neg I \vee \cdots \vee \neg I \vee \neg F$$
$$\equiv O \vee O \vee O \vee \cdots \vee O \vee \neg F$$
$$\equiv \neg F$$

「恒真命題とは、他の命題の真理値とは無関係に常に真になる命題である」

P	¬P	P∨¬P	P▽¬P	I	¬I	O
1	0	1	1	1	0	0
0	1	1	1	1	0	0

「ここで、▽は排他的論理和の論理記号である」

$$\therefore P \vee \neg P \equiv P \triangledown \neg P \equiv I$$
$$\neg I \equiv O$$

「これより、次なることが言える」

n個の仮定E_1, E_2, E_3, …, E_nを有する無矛盾な数学理論に命題Fを加えて矛盾が出てきたら、Fは偽の命題である。

最後にチヨぴーがまとめました。
「でもFが否定されるのは、もとの数学理論が無矛盾のときだけよ。もともと矛盾している数学理論にFを加えて矛盾を導き出したときは、必ずしもFを否定することはできないわ」
「そうだ。もともと矛盾している素朴集合論や公理的集合論において、すべての自然数の集合とすべての実数の集合の間に一対一対応が存在すると仮定して矛盾を導き出しても、必ずしも一対一対応を否定することはできないんだ」

　難しいことを堂々と述べている父親を、3匹の娘たちは尊敬のまなざしで見ています。

◆ ゴールドバッハの予想

「へ〜、背理法って、おもしろいね」
「そうだ、数学にはなくてはならない存在だ」
「ところで、背理法っていつも存在するの？」
「それは、次の問題になるだろう」
　嘘つき犬は問題を書き出しました。

（1）直接証明が存在しないことがあるのか？
（2）間接証明が存在しないことがあるのか？

「背理法は別名、間接証明と呼ばれている。まずは、公理は定理からは証明されない。これは、定理から公理を証明する直接証明も間接証明も存在しないことを述べているのだ」

「なるほど」

「また、公理から別の公理を導き出すことができる証明も存在しない。これは、公理から別の公理を証明する直接証明も間接証明も存在しないことだ」

「当然よね」

「だから、直接証明もが存在しないことがあるし、間接証明も存在しないことがあるのだ」

そのとき、夫婦のお腹が同時に鳴りました。嘘つき犬は、この説明で数学の話をやめようと思いました。

「次の命題はゴールドバッハの予想と呼ばれている」

4以上の偶数は、2つの素数の和で表わされる。

チヨぴーは、子犬たちに確かめてみるように言いました。眠そうな子犬たちも起きだして、一生懸命に計算しています。

$4 = 2 + 2$
$5 = 2 + 3$
$6 = 3 + 3$
$7 = 2 + 5$
$8 = 3 + 5$
$9 = 2 + 7$
　　　　：

「確かに、1つ1つ計算していくと当たっている」
「何となく、正しいような気がします」
「しかし、これを無限に行なうわけにはいかない」
　子犬たちはヒソヒソ話をしています。

「実は、この命題はいまだにその真偽が決定されていない未解決問題なのだ」
「ふ〜ん。あたし、挑戦してみようかしら」
　優華は言いました。
「やめとけ」
　父は、娘が数学の難題にはまり込んで人生が台無しになることを心配しています。真剣に反対する父を見て、娘はおとなしくなりました。
「続けるぞ。ここで、このゴールドバッハの予想をGと置き、ゴールドバッハの予想の否定を¬Gと置いてみよう」

G：4以上の偶数は、必ず2つの素数の和で表わされる。
¬G：2つの素数の和で表わされない4以上の偶数がある。

「そして、Gと¬Gに対する背理法の4つの組み合わせを考えてみよう」

（1）「Gを真と仮定したときに矛盾が出てくる背理法」が存在し、「¬Gを真と仮定したときに矛盾が出てくる背理法」も存在する。
（2）「Gを真と仮定したときに矛盾が出てくる背理法」は存在するが、「¬Gを真と仮定したときに矛盾が出てくる背理法」は存在しない。
（3）「Gを真と仮定したときに矛盾が出てくる背理法」は存在しないが、「¬Gを真と仮定したときに矛盾が出てくる背理法」が存在する。
（4）「Gを真と仮定したときに矛盾が出てくる背理法」も、「¬Gを真と仮定したときに矛盾が出てくる背理法」も存在しない。

「（2）（3）（4）の可能性はあるが、（1）の可能性はない」
「どうして？」
「なぜならば、もし（1）が真だとすると、Gを否定しなければならないし、¬Gも否定しなければならない。この結果、ゴールドバッハの予想が真かつ偽となり、命題では

なくなるからだ」
「へ〜」
「つまり、ゴールドバッハの予想が命題であるとするならば、**ゴールドバッハの予想が正しいと仮定したときに矛盾が出てくる背理法**と**ゴールドバッハの予想の否定が正しいと仮定したときに矛盾が出てくる背理法**のうち、少なくともどちらかの背理法は存在しない。よって、次なる結論が出てくる」

背理法が存在しないことがある。

「もっとも、ある公理から別の公理を証明する背理法が存在しないことを知っていれば、わざわざこんなゴールドバッハの予想を持ち出すまでもなく、『背理法は存在しないことがある』という結論を出すことができるが…」
「あなた」
「なんだ」
「そろそろ、食べましょう。ご飯が冷えちゃうわ」
「そうだな。お前たちも食べるか？」
「もう、お乳でお腹がいっぱいだ〜」

　夫婦はご飯を食べ始めました。それは新米で炊かれたおいしいご飯です。もぐもぐしながら、チヨぴーは昔を思い出しています。

サクくん君がノワツキ学校を卒業するとき、チヨぴーはジー警備員に預けられました。でも、もとの飼い主であるサクくんの恩を決して忘れていません。

「サクくんは、今ごろどうしているのかしら…　今こうして私たちが幸せな毎日を送ることができるのも、すべてサクくんのおかげなのに、離れていると何もしてあげられないわ。ちゃんと、ご飯を食べているかしら…」
　悲しげな表情をしているチヨぴーを、嘘つき犬は優しい目で見守っています。
「だいじょうぶ。サクくんはきっと、元気で活躍しているだろう」

　夫婦の横では、お腹がぽんぽこりんに膨らんだ３匹の子犬たちがすやすやと寝ています。犬の夫婦は、ご飯を食べながら、ずっと寄り添い合っていました。

第2幕

無限同好会

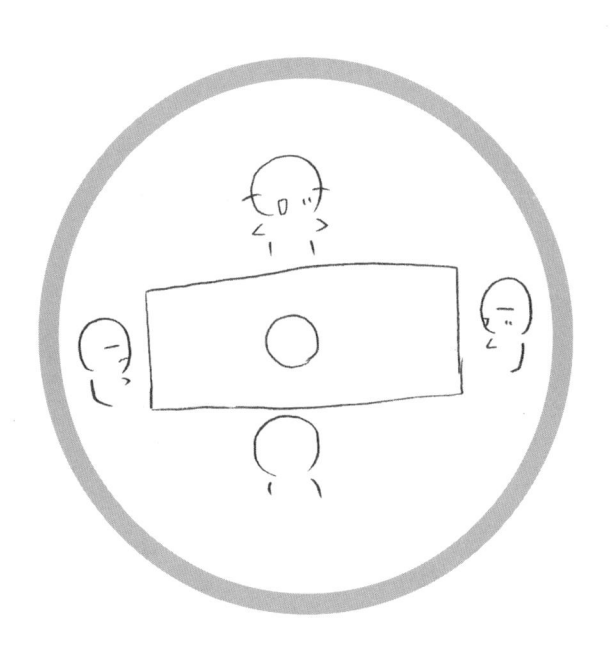

◆ パラドックス

　一時はジー校長によってノワツキ学校を退学されそうになったサクくんは、その後、無事に卒業しました。現在は花火工場に勤務しており、新作花火の製作に従事しています。

　会議室のテーブルの上には、サッカーボールほどの大きさの緑色にきらきら輝く花火が載っています。

「とうとうできたのか？」
「ああ、やったさ。でも、最後の調整はこれからさ」
「それにしても立派だ」
「君たちの協力があったからさ」
「その花火のリモコンを作ったのは俺だよ」
「僕が全体の形を決めたのだ」
「俺はなにをやったんだっけ？」
「アンテナをつけただけだろう」
「ハハハ…」

　サクくんは、ヒデ先生によって開花された学生時代の知的好奇心を忘れることができません。特に無限と矛盾はワクワクするほどの興味のある知的対象物です。
　そこで、花火以外にもいろいろと関心を持っている連中

を集めて、今では数人の同僚とともに無限同好会を開催し、無限と矛盾の研究を続けています。

　仕事が終わったあと、いつものメンバーたちはこの会議室に集まって、気さくな感じで議論を始めます。

「矛盾とパラドックスはどう違うのだろうか？」
　まず、口を開いたのがサクくんでした。
「矛盾とパラドックスは、本質的に異なる概念だと思う。矛盾は仮定がはっきりした状況で用いる言葉であるのに対し、パラドックスは仮定がはっきりしないからこそ起こる矛盾を指すんじゃないのかな？」
「たとえば？」
「たとえば有名な嘘つきパラドックスだ。嘘とは何かがはっきりしないから、パラドックスが出てくるのだ」
「じゃあ、嘘がはっきり定義されたら、嘘つきパラドックスはパラドックスではなく単なる矛盾になるのか？」
　今度は別のメンバーが言いました。
「いや、矛盾とパラドックスには本質的な違いはない」
「そんなことはない。この２つは微妙に異なっている」
「いや、パラドックスは矛盾を含む大きな概念さ」
　サクくんは言いました。
「矛盾もパラドックスも、偽の命題が証明されて出てきたときに発生するのさ。その組み合わせは３つだ」

真の命題　→　間違った証明　→　偽の命題
　偽の命題　→　正しい証明　　→　偽の命題
　偽の命題　→　間違った証明　→　偽の命題

「仮定を用いて証明し、出てきた結論が偽になるというのか？」
「これらすべてがパラドックスだと考えてもよい。証明ミスもパラドックスを生むのさ」
「それは当然だ。その証明が間違いであることを見抜けないときには、おかしな結論以外のなにものでもない」
「ところでサクくん。なぜ、次の式が抜けているのだ？」

　真の命題　→　正しい証明　→　偽の命題

「それは、正しい仮定と正しい証明からは、間違った結論が得られないからさ」

「証明そのものが間違いであったら、数学では証明されたとは言わない」
「単に証明が見つからない場合も、数学では証明不可能とは言わないぞ」
「ということは、数学における矛盾は、これらのうちの次の式さ」

偽の仮定　→　正しい証明　→　偽の命題

「これが矛盾か…」

「素朴集合論で出てきたパラドックスは、正しい証明から出てきた矛盾さ。だから、素朴集合論そのものは立派に矛盾した数学理論だったのさ」
「数学理論がパラドックスを含むか、それとも、矛盾を含むかはとても難しい問題だと思うよ」
「もしかしたら、今までの数学や物理学で指摘されてきたパラドックスは、すべて本当の矛盾だったのかも…」

　この同好会ではどんな発言も自由です。だから、とんでもない意見が次から次へとぽんぽん飛び出してきます。それを制する大人たちはいません。このような若者たちの活発なトークに、ガワナメ星の将来の数学がかかっているといっても過言ではないでしょう。

◆ カントールのパラドックス

「パラドックスと言われて忘れてはならないのは、なんといってもカントールのパラドックスだ」
「そうだ」

「集合論を初めて作ったカントールが、やがて自分の理論の矛盾を発見したのだからな。相当なショックだったろうに…」
「どんなパラドックスだったっけ？」
「俺が説明するよ」
　サクくんはみんなに説明を始めました。
「すべての集合を要素とする集合をUと置く。Uはその定義から、集合の中では最大の集合である。ゆえに、次の性質を持つ」

（1）Uは、あらゆる集合を残らず含む。
（2）Uを要素とする集合が存在しない。

「Uというのは、（1）と（2）の2つの性質を持つ集合なんだな」
「そうさ」
「どこがパラドックスなんだ？」
「Uが自分自身を要素として含むかどうか？　を考えたときに矛盾が出てくるのさ」
「どんな矛盾だっけ？」
「UがUを要素として含むと仮定する。すると、（2）に違反するのさ」
「UがUを要素として含まないと仮定すると？」
「（1）に触れるのさ」

「つまり、UはUを要素として含むかどうかが、決定しなくなるのか… これが矛盾か」
「集合と要素の関係は、含むかどうかが明確に決定しなければならない。すると、この矛盾はUを集合と考えたことに起因している背理法ととらえることができる。そこで、仮定を否定するようになったのさ」
「つまり、Uは集合ではない」

　Uとは、ありとあらゆる集合を含み終わった「実無限」による概念の「集合」です。この場合、カントールのパラドックスが否定する仮定とは、前者の「実無限」のほうでしょうか？ それとも、後者の「集合」のほうでしょうか？

「パラドックスを回避するには、Uを集合からはずすような公理を採用すればよい」
「それは、Uを集合ではないと決めつけることにならないのか？」
「公理はすべて決めつけだぞ。決めつけることのどこがいけないのだ。『すべての集合からなる集合』という集合は、現在の公理的集合論の公理のもとでは、集合としては存在しない。だからパラドックスも生じない」

　公理を設けてパラドックスを回避することは、後者の

「集合」を否定することです。前者の「実無限」を否定することを提案した数学者もいました。しかし、実無限そのものがあまりにも便利な概念であったため、現在ではすっかり数学に定着しています。

　別のメンバーが発言します。
「『自然数全体の集合』すなわち『すべての自然数を集めた集合』とは、『すべての自然数を集め終わった集合』です。無限の要素をすべて集め終えることは、無限の定義上、矛盾しています。だから、実無限にもとづく自然数全体の集合は明らかに矛盾した集合です」
「それだけじゃないぞ。『すべての有理数の集合』や『すべての無理数の集合』や『すべての実数の集合』も、みんな矛盾した集合だ」
「何か矛盾していない無限集合はないのか？」
「任意の自然数の集合はどうだろう？」
「可能無限にもとづく無限集合だね。これもあいまいだ」
「あいまいどころか、それも矛盾している」
「どうして？」
「任意の自然数をすべて集めた集合は、やはりカントールのパラドックスを招くからだ」
「任意の自然数をすべて集めた集合？　何だ、そりゃ？」

「そのカントールのパラドックスだが、これはたった１つ

の仮定を有する背理法ではなく、2つの仮定を持つ二重構造をしているのさ」

みんなはぎょっとしました。

「いわば二重背理法か…」

「そんな言葉はないぞ」

「確かに、そんな用語はないけれども、どんなものかを紹介しておこう。A，B，Cを次のように置いてみよう。そして、これらが命題であると仮定してみよう。コロンの左側には命題の記号を書き、コロンの右側には命題の内容が書かれている。Uとは『すべての集合からなる集まり』であり、実無限にもとづく無限の集まりだ」

　A：実無限にもとづく無限の集まりは集合である。
　B：U（すべての集合からなる集まり）は集合である。
　C：UはUを要素として含む。

「Aを仮定するとBが出てくる。一方、Uの性質から、Cと仮定すると¬Cが出てきて、¬Cと仮定するとCが出てくる。これより、次なる論理式は真さ」

　A→（B→（C→¬C）∧（¬C→C））

「この論理式を変形してみよう」

$$A \to (B \to (C \to \neg C) \land (\neg C \to C))$$
$$\equiv A \to (B \to (\neg C \lor \neg C) \land (\neg \neg C \lor C))$$
$$\equiv A \to (B \to (\neg C \lor \neg C) \land (C \lor C))$$
$$\equiv A \to (B \to (\neg C \land C))$$
$$\equiv A \to (B \to O)$$
$$\equiv A \to (\neg B \lor O)$$
$$\equiv A \to \neg B$$
$$\equiv \neg A \lor \neg B$$

「Oは恒偽命題だ。従来の集合論は、Bを否定していた。Bを否定するということは、次なる論理式だけを考えているからさ」

$$B \to (C \to \neg C) \land (\neg C \to C) \equiv \neg B$$

「しかし、先ほどの論理式を見てもわかるように、Aを否定することもできるのさ。カントールのパラドックスに対する従来の集合論の解釈は、肝心のAを見落としていたのさ」

◆ ゼノンのパラドックス

「パラドックスの代表格として、ゼノンのパラドックスも

忘れてはならんぞ」
「これは、アキレスと亀のパラドックスとも呼ばれている」
「ああ、足の速いアキレスがのろまな亀を追いかけても、絶対に追いつけない、追い越せないという話だろう」
「そうさ。アキレスが亀のいた地点にたどり着いたとき、その時点で、すでに亀はさらに先に進んでいる。これを永久に繰り返すから、永久に追いつけないはずだ」
「でも、現実には追いつける」
「だから、パラドックスだ」

「では、これを可能無限と実無限で説明してみたらどうだろう？」
「可能無限ではいつまでも繰り返すから、永久に両者の間の距離は０にならない。つまり、追いつけない」
「しかし、実無限では無限が終わるのだから、終わった時点で追いついたことになる」
「そうさ、実無限を導入すれば、いとも簡単にアキレスが亀に追いついただろう」
「完結する無限は、とても便利な概念ですね」
「だからこそ、実無限を誰も手放したくなかったのだ」

「話をもっと簡単にしてみよう」
「どのように？」
「たとえば、亀が休んでいるとする。アキレスがその亀の

いる地点に行こうとする。そのためには、まず両者の中間地点に行かなければならないよな」
「そうだ」
「両者の中間地点まで到達するのに $\frac{1}{2}$ 秒かかったとする。すると、次の中間地点まで進むのに $\frac{1}{4}$ 秒かかる。その次は $\frac{1}{8}$ 秒だ」
「すると、かかる時間は次のような式になるぞ」

$$\frac{1}{2} + \frac{1}{4} + \frac{1}{8} + \frac{1}{16} + \cdots$$

「これらの和は1だから、1秒後にはアキレスは亀に追いついているはずだ」
「ちょっと待ってくれ。これらの和は限りなく1に近づくが、決して1にはならない。だから、やはり追いつけないよ」
　サクくんは間に入って、自分の意見を述べました。
「現実の世界では、1秒後は確かに訪れてくる。しかし、上記の式では1秒後はあり得ない。2秒後もあり得ない」
「3秒後もありえないのだな？」
「そうさ。この式は1秒後よりも少し前の話なのさ」
「どういうことだ？」
「可能無限を使うとアキレスが亀に追いつけないのではなく、1秒後よりも前の話をしているから追いつけないだけさ」

「な〜んだ」
「ということは、実無限でゼノンのパラドックスが解けたというのは幻に過ぎないのか？」
「そうさ、実無限が矛盾した概念であることが理解できたら、このような無限級数の和でパラドックスを解決したとはとても言えないことがわかるだろう」

◆ 可能無限

　ここで、改めて無限を調べてみましょう。そのためには、有限と無限を比べることが大事です。

国語辞典の定義
【有限】限度・限界のあること。
【無限】限りがないこと。どこまでも続くこと。

「**無限**とはその字のごとく、**限りの無い**ことである」
「**限りがない**とは、**終わりがない**ことだ」
「**終わりがない**とは、**完了しない**ことです」
「**完了しない**と**完結しない**は同じだから、無限とは完結しないことさ」

「ところで、完結ってなんだろう」

「完結とは、続いていた物事などがすっかり終わることだ」
「すると、無限の定義は完結しないことあるいは完結しないものだ。可能無限とは、この無限のことか」
「ということは、可能無限は無限本来の正しい無限ですね」
「それに対して、実無限とは無限が完結したものである。したがって、完結した無限としての実無限は自己矛盾を抱えている存在だ」

「実無限と可能無限の関係は、平行線公理と平行線公理の否定の関係だな。つまり、お互いに矛盾しているんだ」
「確かに、可能無限による無限と実無限による無限は、大きな違いがあるね。可能無限による直線・可能無限による一対一対応・可能無限による無限集合・可能無限による無限小数・可能無限による証明… これらは実無限によるそれとまったく違う」
「どういうふうに違うのだろう？」

「ある電灯を考えてみよう。最初の $\frac{1}{2}$ 秒間は点灯している。次の $\frac{1}{4}$ 秒間は消えている。次の $\frac{1}{8}$ 秒間はまた点灯している。その次の $\frac{1}{16}$ 秒間は再び消えている。では、これを無限に繰り返したならば、1秒後には電灯はついているのか？ それとも消えているのか？」
「実無限を容認するならば、『1秒後には点灯している』あるいは『1秒後には消灯している』のどちらかではっきり

と答えなければならないだろう」
「排中律が成り立つのか」

　排中律とは、真か偽のいずれか一方だけが成り立つことです。

「ああ、そうだ。しかし、可能無限の立場では、この問いは発生しないから答える必要がない」
「つまり、排中律が成り立たない…」
「排中律が成り立たないのではなく、排中律の問題が発生しないだけだ。可能無限は排中律を否定しているわけではない」

「言葉の使い方は、非常に微妙だな」
「そうだ、特に数学においてはね。記号だけを扱っていると、つい、言葉の大切さを忘れてしまうことがあるんだ。気をつけないと…」
「先ほどの電灯の場合もそうだ。スイッチをオンにしたりオフにしたりして、この操作を無限に繰り返す以上は、終わりがない。だから、**無限に繰り返した結果はどうなるのか？（＝１秒後にはどうなっているか？）** という結果の問いは、完了した結果、あるいは完結した結果を聞いている。だから、これは**実無限をもとにした質問**なのだ。実無限で聞かれた質問に可能無限が答える必要はない」

「そうです。変に答えたら、その後の論理展開がすべて狂わされてしまいます」
「カントールの区間縮小法の二の舞になるぞ」
「カントールの区間縮小法？」
「カントールは、すべての自然数からなる集合Ｎとすべての実数からなる集合Ｒの間の一対一対応が完結したらどうなるのかに答えたのさ」
「その答えは？」
「実数の数が余ったんだ」
「ということは、どういうこと？」
「答えてはいけない質問に答えた。その結果、新たな疑問を生み出した」
「それは何だい？」
「連続体問題さ」
「ひょっとしたら、連続体仮説は非命題だというのか？」
「そうさ。その昔、連続体仮説の真偽を問う学問上の流れが発生した。そして、多くの者がそれに挑戦したけれど、いまだに連続体仮説の真偽は不明のままだ」
「そりゃそうだ。真偽を持たない非命題の真偽を求めよと言われても、誰もそれに答えられるはずはない」
「連続体仮説だけではない。実無限から派生した、とんでもない問題がたくさん出てきている」
「そのほとんどが、難問といわれているものだな」

「カントールが区間縮小法を世に発表したとき、この瞬間、パンドラの箱が開けられたのさ」
「その箱から、実無限に由来している難問が多数飛び出してきたのか」
「ということは、実無限を数学から排除すれば、現在提起されている多数の難問がいっぺんに解けてしまうかもね」
「こりゃ、すごい！」
「幾何学も一変するぞ。幾何学における図形は『点の集合』とされているからな。多様体も実無限による考え方だ。もしかしたら、多様体に関する難問もあっという間に解決するようになるかもしれない」

　脈絡のない話がいつまでも続きます。はたして、数学から実無限を排除することによって、数学に革命を起こすことができるのでしょうか？

◆ 実無限

「異なる2点間には**無限の点が存在**します。これが、**可能無限**です」
　まねして、別のメンバーが言いました。
「異なる2点間には**無限個の点が存在**する。これが、**実無限だ**」

「可能無限と実無限は、微妙に異なっています」
「**無限そのものを１つの完結した存在として認める**ことが実無限の立場さ。**完結した存在としての無限**とは、短くいうと**完結した無限**さ」

「0.999…＝1について言えば、0.999…と無限に9を増やして行く行為が完結し、9の無限の配列が出来上がったと仮定しているのが実無限だ」
「0.999…と9を無限に増やしていくと、最後は1に一致するのかどうか？」
「可能無限では一致しないが、実無限では一致する」
「現代数学は実無限を主に採用しているから、左辺と右辺は一致すると考えている人がほとんどだ」

「可能無限はどこまで行っても完結することがないものである。したがって、実無限と可能無限の本質的な違いは『完結する』か『完結しない』かである」
「ということは、可能無限と実無限は、お互いに矛盾している２つの無限ですね」
「いや、もっと正確に言うべきだ」
「そうだ。完結するという性質を持つものは、本当は無限ではない。だから、可能無限と実無限はお互いに矛盾していることは確かだけれども、これらを『２つの無限』と呼ぶことは間違いさ」

「では、どういう表現をしたらいいの？」
「お互いに矛盾している『１つの無限』と『１つの非無限』かな？」

　完結する無限としての実無限は、終わりのない無限を終わると仮定した無限であり、相反する２つの意味を内蔵している自己矛盾した概念です。実無限が矛盾しているなら、実無限からなる用語、実無限からなる証明もすべて矛盾していることになります。

「ところで、無限は完結しないものです」
「すると、無限が完結したと仮定するならば、そこから矛盾が出てくることもあるし、出てこないこともある。これを２つに分けてみよう」

（１）無限が完結したと仮定するならば、そこから矛盾が出てくることがある。

「これは、パラドックスの発生を意味している。そして、これは背理法を形成しているから、仮定を否定することができる。その結果、得られるのは『無限は完結しない』という結論だ」
「これによって、無限の本来の定義に戻るだけさ」
「たとえば、すべての実数を並べられたと仮定すると矛盾

が起こる。だから、すべての実数は並べられないという結論が出てくる」
「この論理は正しいのだな」

（2）無限が完結したと仮定するならば、そこから矛盾が出てこないことがある。

「人間の証明能力には限界がある。だから、すべての証明をゲットするだけの能力もなければ、そのためのじゅうぶんな時間もない」
「人類の歴史は有限だからね」
「たとえば、すべての自然数を並べられたと仮定しても、矛盾が起こらない。だからといって、すべての自然数を並べられるという結論は出せない」
「すべての有理数を並べられたと仮定しても、矛盾が起こらない。同じく、このことからすべての有理数を並べることができるという結論を出すことはできない」

「このように、無限が完結したという仮定を置くならば、そこから矛盾が出てきても、矛盾が出てこなくても、論理的にはおかしくはない」
「もっと、強烈な表現をたらどうだろう」
「どんな？」
「数学に実無限を導入するならば、そこから矛盾が出てき

て当然である」
「カントールのパラドックスやラッセルのパラドックスは、実無限が原因だったのか！」
「実無限が自己矛盾した概念ならば、公理的集合論は実無限から構築されている数学理論ですから、矛盾しています」
「また、可能無限の数学に実無限まで入れてしまうと、可能無限と実無限の混在した数学ができ上がってしまいます。このような混乱した数学は誰からも理解されず、それによって人々が数学を嫌いになるきっかけを作っているのではないのかな？」

「無限の要素を数える場合は、下記の2通りがあります」

　無限の要素を数え続ける。
　無限の要素を数え終える。

「自然数や実数は無限に存在する。無限に存在するものは、数え続けることができても数え終えることができない」
「実無限は終わってしまった無限＝完結した無限です。可能無限は終わらない無限＝完結しない無限です」
「このように、可能無限と実無限がお互いにお互いを否定していることを認めると、現代数学には相反する2つの無限が混在していることがわかる」
「その表現はおかしいぞ。さっき言ったように、実無限は

名前こそ無限とついているが、本当は無限ではないのさ」

　みんなは一息つきました。
「議論を重ねるごとに、次第に無限の正体が見えてきたね」
「うれしいよ」
「今日も有意義だった」
「でも、議論が堂々巡りをすることも多いな」
「まあ、気にしない」
「明日はどんな話をしようか？」
「それは明日のお楽しみだ」

◆　**無限大**

　今日の議論が出尽くしたあと、同僚たちは帰るしたくを始めました。
「サクくん、君はまだ帰らないのか？」
「ああ、もう少し残って花火を完成させるよ。この試作花火には、会社の命運がかかっているからな」
「これから打ち上げるのか？」
「そのつもりさ」
「くれぐれも怪我をするなよ」
「わかっている」
「明日、結果を聞かせてくれ」

「ああ」
「バ〜イ」
　同僚たちは、みんな帰りました。

　サクくんは、ほぼでき上がっているテーブルの上の花火に、またいろいろと手を加えています。しばらくすると、再び会議室のドアが開きました。

「こんにちは」
　若い女性が1人入ってきました。
「やあ、ミサさんじゃないか」
　ミサさんは、この花火工場に勤務している女性事務員です。とても穏やかで、色白で、きれいな女性です。入社当時から男性職員の憧れの的です。

　ミサさんは、隣のザンラン星で生まれましたが、幼いころにガワナメ星のグンヒキ地方に奉公に出され、そこで両親と離れてずっと生活していました。サクくんの1年後輩であり、ノワツキ学校を卒業した後は、ずっとこの花火工場で働いています。
「あら、ほかの人たちは〜？」
　ときどき、グンヒキ地方の方言が出ることがあります。
「今帰ったよ」
　サクくんは手を休めずに答えました。

「残念ね。せっかくホットドッグとアップルパイを買ってきたのに〜」
　ミサさんは、この時間にいつも会議室で無限同好会が開かれることを知っています。そこで、ときどき会社の近くにあるお店でホットドッグなどを買って、差し入れに来てくれます。
「ありがとう。せっかくだから、2人で食べようか」
「そうしましょう」
「ちょうど、今夜打ち上げる花火が完成したところさ」

　サクくんは、花火の部品が散乱しているテーブルの上をかたづけ始めました。ミサさんは、コーヒーを入れに隣の給湯室に行きます。2人はいつも仲良く仕事をしています。準備ができたあと、試作花火の見える位置に隣り合って座りました。

「じゃあ、打ち上げの前祝いね」
「かんぱ〜い」
「チーアス」
　2人は、目と目を見つめ合いました。
「このホットドッグはうまい！」
　パクついているサクくんを見て、ミサさんは微笑んでいます。
「今日はどんな話をしていたの？」

どうやら、サクくんの研究に興味があるようです。
「いつもの無限に関する話し合いだよ」
「無限大のことも？」
「それもある。無限大とは、いかなるものよりも大きいものだ。実は、これはいろいろなものを拡張した概念さ」
　ミサさんは、学生のときに数学の講座で無限の単位と矛盾の単位を両方とも取っていました。だから、サクくんの話にもじゅうぶんについていけます。
「具体的にいうと〜？」
「自然数を拡張すると無限大になる。実数を拡張すると、同じく無限大になる。両者の違いは、実数の拡張としての無限大にはプラスとマイナスがあることだ」
「無限大を電子辞書で引いてみましょうか？」
「そこにあるよ」
　テーブルの片隅にあった電子辞書を手にしたミサさんは、電源を入れてボタンを押し始めました。

　ぴっぴっぴっぴっ

「『限りなく大きいこと』と出ているわ」
「『限りなく大きくなること』とは出ていないかな？」
「出ていないわ〜」
「でも、限りなく大きいこと（無限大）と、限りなく大きくなること（無限）には、雲泥の差があるのさ」

「私はこう思うの。『限りなく大きくなること』が終わった時点で、『限りなく大きいもの』が手に入るのじゃないのかしら？ もし無限大があるとしたら、それはどこにあるのかしら？ 何か、とってもロマンチックだわ～」
　サクくんはミサさんをチラッと見て言いました。
「無限大は無限の過程が終わったときの最後にたどり着く終着点としての概念だから、当然、それが存在するのは無限先さ」
「でも、無限先に到達することなどできないわ」
「そりゃそうさ。決して到達できない先が無限先と言われているからな」
「ということは、無限大は絶対到達できないところに存在しているのかしら？　決して手が届かない神聖な場所…まるで神の領域だわ…」
　ミサさんは、うっとりとした目をしています。

　サクくんは、潤んだ目をしているミサさんを横目で見ながら言いました。
「今度は、無限大を数学辞典で引いてみよう」
　電子辞書には、数学辞典の機能も備わっていました。

　ぴっぴっぴっぴっ

　ミサさんは、この音ではっとわれに返りました。

「おかしいなあ、無限大の正確な定義は出ていない。数学では、無限大は無定義語なのか？」

サクんはぶつぶつ言っています。そして、電子辞書をテーブルのすみにぽいと置きました。

◆　n→∞

　その辞書はくるくる回転して、8の字を描きました。
「無限大を記号で表すと∞になる。可能無限の立場では、この記号は認められていない。これは実無限の記号さ」
「でも、魅力的な記号だわ。うっとりするほど、引き込まれる記号よ」
「8を横にしただけだろう？　それだけで、これほど魅了されるのか？」
「サクんん、あなたにはこの記号の魅力がまだわかっていないのよ。これは、数学を超えた神聖な記号なのよ」
「超えすぎているさ」

　数学を超えた記号が数学内で使用されていることに、サクんんはすでに気がついていました。

「でも、便利よ」
「確かに∞は便利な記号であることは認めるよ。だからこ

第2幕　無限同好会　　111

そ、可能無限でも使用しているのさ。たとえば、n→∞という記号は、可能無限では『nという自然数を無限に大きくして行く』という意味さ。これを『nを無限大に近づける』と読んではいけないし、『nを無限大にする』と読んでもいけない」

「読み方に規定があるのね」

「もちろんだ。誤解を招かない読み方を守ることは、とても大切さ。nをいくら大きくしても、nは無限大にはまったく近づかない。nと∞の間には、決して埋めることのできない概念上の大きな隔たりがあるからさ。この隔たりを埋める作業は、拡張と呼ばれている論理の飛躍だけだ」

「nはどこまで大きくしても自然数であって、無限大という名前の非自然数には変化しないのね。でも、無限先で自然数nは∞という非自然数に変化できると考えたほうがかっこ良くないかしら？」

「かっこ良いか悪いかの問題ではない。俺たちが問題にしているのは、**記号が実無限**で、**意味は可能無限**だということだ。ここにも、実無限と可能無限の混在が認められるのさ。でも、可能無限と実無限の違いをしっかり理解しながら使う限りは、あまり混乱しないですむ。この２つを見分ける力がないと、パラドックスが発生して頭の中が混乱するだけさ」

ロマンチックな気分に浸っているミサさんを現実に引き

戻したサクくんは、女性の心理をあまり理解していないようでした。

「∞は無限大を表す記号さ。n→∞は記号の組み合わせで、これ自体も立派な記号さ」

　∞は、記号である。
　n→∞も、記号である。

「∞は記号といっても、実無限の記号だ」
「すると、n→∞も実無限の記号なの？」
「いいや、違う」
「ええ？」
　ミサさんはびっくりしました。
「∞を言葉に直すと、『無限大』になる。しかし、n→∞を言葉に直すと、『nを無限大に近づける』にならずに、『nを無限に大きくする』になる」
「n→∞は∞を含んでいるのに、これを言葉になおすと∞が消えてしまうの？」
「そうさ。記号では無限大を含んでいるのに、それを言葉に変換すると無限大が消えるのさ。つまり、実無限が可能無限に変化したのさ」

∞は、実無限の記号である。
　n→∞は、可能無限の記号である。

「なるほど、実無限の記号を一部だけ使いながら、思考からは実無限をみごとに消し去ったのね」
「昔の人は、このような巧みな技を使っていたのさ。たぶん、無意識的だと思うよ」

　何という巧妙な思考でしょう。ミサさんは改めて、昔の人たちの数学の技を見直しました。

「ちなみに、n→∞という記号の組み合わせが分解できないことは知っているか？」
「分解できるわよ。nと→と∞にね」
「nは自然数で、∞は無限大だ。では→はどんな論理記号なのだ？」
「A→Bという論理式と違うわね」
「もちろん違う。n→∞を『nならば∞である』と読む人はいないだろう。これは∞を含んでいるけれども、分解できない記号さ」
「つまり、記号の組み合わせの形をしているけれども、形式上の組み合わせにすぎないのね」
「そうさ」
「それならば、サクくん。limから切り離すこともおかしい

わ」
「どうしてだ？」
「$\lim_{n\to\infty}$ という記号は、これ1個だけで意味上の最小単位でしょう。これを分解することはできないはずよ」
　痛いところを突かれたサクくんでした。

◆ 値と計算

　無限の定義は「完結しないこと」「完結しないもの」です。可能無限とは、この無限のことです。しかし、実無限はこの可能無限が終わった状態を意味しています。つまり、実無限は「完結した無限」です。

「現在、無限に関する本が多数出版されているけれど、そこには『無限個』という言葉がたくさん出てくるわ」
「無限は本来変化するものだ。だから、一定の数としての印象を与える無限個という言葉は的が外れているのさ。可能無限では、無限個という個数は存在しない。これは、実無限の言葉なのさ」
「でも、便利な言葉よ。どうしても使いたいときはどうしたらいいの？」
「そのときは仕方がない。あえて使いたいならば、実無限による無限個である『実無限個』と可能無限による無限個

である『可能無限個』という言葉を区別して使い、その場その場できちんと実無限か可能無限かを明記すべきだ」
「可能無限による無限個は、個数がどんどん際限なく増えていく変化する個数なのね。それに対して実無限による無限個は、この変化が止まってしまった一定の値（本当の値ではなく、擬似的な値）としての概念なのね」
「そうだ、終わってしまった無限の概念さ」

　サクくんは、目の前にあるアップルパイを見て言いました。
「π は実数だ」
　そして、それを手にとって口の中に放り込みました。
「それは、どうやって値を求めるの？」
「値を求める？　すでに値は求まっている」
「その値は何？」
「π さ」
「それっておかしくはない？」
「そんなことないさ。半径 1 の円の面積を求めよという問題を出されたとき、π というのがその値になる」
「なるほどね。それを無限小数で書いていったら、試験時間切れになってしまうわ。そして、正確な値を書けなかったとして減点される。努力したわりに報われないわね」
「そうさ。π という正確な値を書けば、減点されることはない」

「では、半径1の円の面積を計算せよという問題を出されたときはどうなるの？」
「まったく同じだ。πというのが、その計算された値だ」
「では、値を求めるとか計算するということは、無限小数に直すことではないのね」
「もちろんだ。実数を無限小数に書き直していたら、どんどん減点されてしまうだけだ」
「入学試験の場合は、合格を逃すこともあるわね。では、無限小数に直すということは、いったいどういうことなのかしら？」
「結局、実数の近似値を求め続けることさ。たとえば、πという値を持った実数が存在する。これを次のように、いくらでもπに近い近似値を書き続けることができる」

　3.14
　3.141
　3.1415
　3.14159
　3.141592
　　　⋮

「無限の作業は決して終わることがない。だから、書き終わることもない。つまり、次なる無限小数には永久に到達しないのさ」

3.141592…

「この場合の最後についている…の記号は、無限に存在する数字の配列をすべて書き終わったという実無限の意味ね」
「そうさ。πを無限小数展開したとき、小数点以下のすべての桁の値が決定するわけではない。だから、より正確な近似値を求めていくだけなのさ」
「じゃあ、可能無限では決定していない桁があるの？ いったい、πの小数第何位の桁より先が決定していないの？」
　この問いに、サクくんはあっさり答えました。
「決定しない桁を指摘するとしたら、それは決定することができた桁よりも先の桁さ」

◆ 排中律

「実無限を中心とする数学では、下記の無限小数はすべての桁の整数が決定して並んでいると解釈しているのさ」

 $\pi = 3.141592\cdots$

「つまり、各桁を決定するという無限の操作がすでに終わってしまった、と解釈しているんだ。これが、完結しない無限を完結したと仮定している実無限の本質さ」

サクくんは静かにコーヒーを飲みながら、ミサさんに質問しました。
「πの小数点以下の整数配列の中には、0があると思うかい？」
「もちろん、たくさんあるわ」
「では、00と続く箇所があるか？」
「たくさんあります」
「では、000と続く箇所があるか？」
「あるわよ」
「では、0000と続く箇所があるか？」
「あります」
「では、00000と続く箇所があるか？」
「私は知らないわ。いったい何を言いたいの？」
「こういうことさ。πを小数展開したとき、小数点以下の整数配列を考えてみよう。これをXとしよう」

　X＝141592…

「Xは無限の整数配列だ。これを無限数列と考えることもできる。次に、P（n）を次のように設定する」

　P（n）：Xの中に、0がn個連続して続く箇所が存在する。

「これは、命題であるかどうかだ」
「命題じゃないの？」
「0が1個や2個のときは、明らかに命題さ。すぐ見つかるから真の命題だ。しかし、nが非常に大きくなってくると、命題かどうか疑わしくなってくるのさ」

πを小数展開したとき、小数点以下の整数の配列の中に0が「10000の10000乗の10000乗の10000乗個」連続して続く箇所が存在するでしょうか？　実無限を認めるならば、これを命題として扱わなければならず、真か偽のどちらかになります。

「nがどんなに大きくても、計算して見つかればP（n）は真さ」
「では、どんなときに偽といえるの？」
「それが言えないのさ。P（n）が偽であることを言うためには、πの小数点以下を全部計算しつくさなければならない」
「そんなことは不可能よ」
「そうさ。可能無限では、無限は終わらないから偽であるという結論が下せない。つまり、P（n）が真であるか偽であるかのどちらかである、という排中律が使えないのさ」
「実無限では排中律が成り立ち、可能無限では排中律が成り立たないというのね。排中律が使えるか使えないかとい

う論争は、ここから出てきたのね？」
「そうさ。排中律の論争は、実無限と可能無限の論争でもあったのさ。そして、数学では排中律を認める人が多かったから、結局は、排中律を主張する実無限に軍配が上がったのさ」

「でも、その判断はおかしくない？」
「おかしいさ。可能無限ではＰ（ｎ）が偽であることを言えない。しかし、その理由は可能無限ではＰ（ｎ）が常に命題であるとは限らないからだ。つまり、可能無限は命題の排中律を否定しているのではなく、非命題に対して排中律を適用することをいましめているだけなんだ」
「実無限は、非命題に対しても排中律を要求していたのね。可能無限で解釈するとこんなにも簡単な答えになるなんて、本当に驚きだわ」
「だから、数学を可能無限だけに戻すことが大切なのさ」
「でも、実無限の排除は数学を後戻りさせることでしょう？」
「数学の発展を妨げるという意味での後戻りではない。これから、数学を大きく飛躍させるための後戻りさ」
「え？」
「今の数学は、どうしようもない壁に突き当たっているのさ。だから、その壁を乗り越えるためには、一度後ろに大きく下がってみたほうがいいのさ」

「なるほどね。強い助走をつけるために、いったん数学を大きく後戻りさせるのね。そして、一気にダッシュして数学の発展を邪魔している厚い壁を乗り越えるのね。後戻りの大切さがよくわかったわ」

◆ 無限小数

「これも食べて」
　ミサさんは、自分のアップルパイをサクくんにあげました。サクくんは、それを受け取って、再び口の中に放り込んで言いました。
「πを小数展開すると、モグモグ、無限に続く小数になるのさ」

$\pi = 3.141592\cdots$

「この場合、モグモグ、小数点以下の任意の桁において、それに対応する整数が決定する。よって、次なる文は真になるのさ」

πの小数点以下の「任意の桁」の整数は決定している。

「しかし、この決定は終わることがない。したがって、次

なる文は真ではないのさ」

πの小数点以下の「すべての桁」の整数は決定している。

「でも、すべての桁を決定できるマシンがあると聞いたことがあるわ」

　ミサさんは、πの小数点以下の整数をすべて決定することができるマシンを持ち出しました。これは、以前、ノブ校長が述べたことがある「自然数をすべて数え上げるマシン」にそっくりです。

「どんなマシンなのだ？」
「このマシンは、最初の$\frac{1}{2}$秒で小数第1位を決定するのよ。次の$\frac{1}{4}$秒で小数第2位を決定するの。次の$\frac{1}{8}$秒で小数第3位を決定するわ。このマシンを使えば、1秒後にはπの小数点以下のすべての整数を決定することができます」
「ほほ〜。すると、1秒後に決定する整数は、πを無限小数展開したときの最後の整数になるのかな？」
「実無限を認めるならば、この最後の整数を認めなければならないと思うわ。でも、これはいったいどんな整数なのかしら？」
　ミサさんはうっとりしています。サクくんは聞きました。

「このマシンを使った場合、2秒後にはどんな整数を決定しているのか？」

ミサさんは答えに困ってしまいました。

「きっと、1秒後に自動停止するのよ」

サクくんは苦笑いをしました。

「もしかしたら、『任意の桁の整数が決定する』という状態があり、この状態が終わった時点で『すべての桁の整数が決定する』のかしら？」

「そのとおりさ。『任意の桁』と『すべての桁』は似ているけれども、その本質は大きく異なっているのさ」

「無限小数と実数は同じなの？」

「同じ場合もあれば、違う場合もあるのさ」

「どういうこと？」

「サイコロを無限に振って得られるサイコロ小数は実数じゃない」

サクくんは、マユ先生とランチを食べたときのことを思い出しています。

「対角線論法における『番号のつけられない無限小数』もその1例さ。これらは無限小数でありながら、実数ではない」

「実数と無限小数は異なるということね？」

「そりゃ、当たり前さ。実数は無限小数で書き表せないん

だ。無限小数そのものが、有限小数を拡張した概念なのさ」
「どういうことなの？」
「たとえば、次のような有限小数を考えよう」

　3.1
　3.14
　3.141
　3.1415
　3.14159
　3.141592
　　　⋮

「これらの有限小数を無数に書き続けることができるが、書き終わることはできない。しかし、ここで書き終わったと仮定する。すると、次なる無限小数が得られるのさ」

　3.141592…

「無限小数という概念は、終わらない無限を終わったと仮定している実無限による発想から生まれたのさ」

　無限小数が実無限による概念ならば、無限数列も無限級数も実無限による概念になるでしょう。現代数学の中には、いたるところに実無限が浸透しています。

◆ 無限集合

「無限の概念は、本当に難しいわ。有限と無限は連続して続いているのではなく、有限から無限に移動するとき、大きくジャンプするのよね？」
「そうさ。そのジャンプとは『非論理的なジャンプ』であり、この一瞬だけ、まったく論理がきかなくなるのさ」

　たった一瞬だけれども、論理が役に立たないことがある。これは、論理を扱う数学にとっては、大きな問題になるかもしれません。

「集合に関しても、これは成り立つのさ。有限の集合（有限集合）と無限の集合（無限集合）は概念が大きく異なっている」
「有限集合とは、いくつかのものの集まりよね？」
「もっと正確に述べると、いくつかのものを集めて１つにまとめたものさ」
「じゃあ、無限集合とは、無限に存在するものをすべて集めて１つにまとめたものなの？」
「そうさ。そして、１つにまとめるためには、すべてのもを集め終わらなければできない。そう考えるのが自然さ」
「でも、その考えだと、無限のものをすべて含み終わった集合になるわ。たとえば、『すべての自然数の集合』は『す

べての自然数を含み終わった集合』になるのじゃない？」
「そして、これこそが実無限を用いた無限集合の定義になるのさ」

ミサさんは、1個2個3個… と自然数を集め続け、それらをすべて集め終わった完結した無限集合を連想しました。

「しかし、定義はこれ1つではない。無限集合の定義にはいくつかある。たとえば…」

【集合の分類】
　有限集合：有限個の要素を持つ集合
　無限集合：無限個の要素を持つ集合

「有限個って自然数のことよね？」
「そうさ」
「無限個とは、実無限による言葉よね？」
「無限の個数だ。個数といっても数ではない。無限にあるものをすべて数え終わったという意味が含まれている特殊な個数なのさ」
「ということは、**無限個という言葉は、それ自身でじゅうぶんにパラドキシカル**なのね」
「だから、この用語を使うときにはじゅうぶんに注意しなければならないんだ」

「その他にはどんな定義があるの？」
　サクくんは、さらさらと別の定義を書きました。

【集合の分類】
　有限集合：有限個の要素を持つ集合
　無限集合：有限集合以外の集合

「これは、あらかじめ集合を有限集合と無限集合に分類し、その上で無限集合を定義している」
「無限集合を定義する前に、先に分類しちゃったのね」
「そうさ。これは順番を逆にした悪い例の1つだ」
「どういうこと？」
「正しい方法はこうだ。まずは有限集合を定義する。次に無限集合を定義する。両者を合わせたものを集合と定義する。これが、正しい順番による定義と分類さ」
「悪い例というのは、どういうの？」
「まず集合を定義する。たとえば、集合とは有限集合と無限集合を合わせたものであると定義する。次に有限集合を定義する。最後に、有限集合ではない集合を無限集合と定義するのさ」
「なるほど、これは無限集合の定義を巧妙に避けていることになるのね」
「そのとおり。さらに集合そのものを無定義にしたら、無限集合はさらに定義があいまいになってしまうだろう」

無限集合をどのように正しく定義するかが大事ですが、どうも、事態は正反対の方向に進んでいるようです。無限集合の定義をどのように避けるか、あるいは、無限集合をどうやって無定義にするかという方向に数学が進んでいるようです。

「定義と分類は、どちらを先にするの？」
「もちろん定義だ。定義が先行しなければ、分類そのものが不可能になるからな。数学には、このような例がほかにも存在するかもしれないから注意が必要さ」
「注意するとしたら、ほかにどんな例があるのかしら？」
「クラスの分類だ」
「え？」
「固有クラスを定義する前に、分類を先にしている。次のようにね」

【クラスの分類】
　集合：包含関係がはっきりしているクラス
　固有クラス：集合以外のクラス

　サクくんの言い出したクラス、固有クラスなどの単語は、後ほど出てきます。

「これによって、固有クラスの定義がうまく回避されてい

る。実に巧妙な方法さ」
「ところで、他にはどんな無限集合の定義があるの？」
「可能無限による新しい分類だ」

【集合の分類】
　有限集合：有限個の要素を持つ集合
　無限集合：個数が無限に増加していく集合

「可能無限の立場では、無限集合とは、その個数が無限に増加していく集合さ。つまり、常に要素数が増えていくダイナミックな集合さ。膨張する集合なんだ」
「ノワツキ学校で新しい集合論の動きが出ているというもっぱらの噂だけれども、このことなのね」
「このような動的な集合論が成功するかどうかはわからない。でも、ダメでもともとさ。ここで、もう一度、2つの無限集合を比較してみよう」

　可能無限による無限集合の定義：
　無限集合とは、要素数が無限に増加していく集合である。

　実無限による無限集合の定義：
　無限集合とは、要素数が無限大（無限個）の集合である。

「つまり、可能無限による無限集合が完全に膨張しきって、

これ以上要素が増えないという極限に到達した集合が、実無限による無限集合さ」
「ということは、現在の無限集合論による無限集合は、無限に存在するすべての要素を含み終わった『完結した無限集合』なのね」
「そうさ。実無限による無限集合を『実無限集合』と呼ばせていただくならば、その実無限集合から新たに『濃度』という概念が出てくるのさ」

◆ 濃度

「そもそも、濃度とはなんだかわかるか？」
　サクくんはミサさんに聞きました。
「無限に存在するものの数よね」
「いいや違う。濃度とは、無限に存在するものを１つの完結したまとまりとして扱い、その中に含まれるものが数に似た性質を持つと仮定したときの、その数に似た性質に相当する概念だ」
「難しいのね」
「難しく考えることはないさ。有限集合の要素数は自然数（数そのもの）であり、これを無限集合に拡張した概念が濃度（数に似たもの）さ」
「無限に存在するものの数は、本当は数じゃないわ。だか

ら、濃度は数じゃないのね」

「そうさ。濃度は、数ではないものを数とみなしたときの概念さ。たとえば、自然数 1, 2, 3, … は無限に存在する」

「ええ」

「実数である $\sqrt{2}$ や π や e なども無限に存在する」

「ええ」

「でも、自然数を全部集めた集合 N と実数を全部集めた集合 R には、大きさの違いがあるのさ。R の要素数は、N のそれよりも多い。これを『集合 R の濃度は集合 N の濃度よりも大きい』というのさ」

「大きさに違うがあるのではなく、大きさに似たものに違いがあるというのね」

「そうさ。数には大きさがあるが、数に似たものには大きさがあるかどうかはわからない。もっと別の表現をしてみよう。すべての自然数を含む集合の濃度とすべての実数を含む集合の濃度に、大きさの違いに似たものがあるということさ」

「ふ～ん」

　ミサさんは素直に聞いています。

「すべての自然数を含む集合の濃度を $\aleph_0$（アレフ・ゼロ）と呼んでいる。そして、すべての実数を含む集合の濃度を $\aleph_1$（アレフ・イチ）と呼んでいる。すると、次の式が成立するのさ」

$$\aleph_0 < \aleph_1$$

 $\aleph$ という記号は、アレフと読みます。これはヘブライ文字の一種です。

「2つの濃度が異なっていることは、どうやってわかったの？」
「カントールの区間縮小法さ」
「聞いたことがあるわね」
　ミサさんは、学校で習った集合論を思い出しています。
「すべての自然数からなる集合Nの濃度 $\aleph_0$ は、もっとも小さな濃度なんだ」
「どうして？　さらに小さな濃度があるんじゃないの？たとえば、$\aleph_{-1}$ などの濃度があると考えられないの？」
「たぶん、$\aleph_0$ よりも小さな濃度はないさ」
「どうして、そう言い切れるの？」
　ミサさんは、$\aleph_0$ よりも小さな濃度を持つ無限集合が存在しないことをサクくんに説明してもらおうとしました。しかし、濃度そのものを否定しているサクくんには関心がありませんでした。

「有限集合の個数を拡張はしてはいけないの？」
「すべての拡張がだめなわけではないが、拡張すればするほど、新しい概念が際限なくどんどん増えてしまい、最後

第2幕　無限同好会

には収拾つかなくなる事態が発生する。だから、今までの概念でじゅうぶんに説明できることがらを、わざわざ新しい概念を導入してまで説明しようとすることは避けるべきさ」
「オッカムのカミソリね」

オッカムのカミソリとは、**ある事柄を説明するのに必要以上の概念を増設してはならない**というものです。カミソリは、不要な概念をそぎ落とすことに使われます。この哲学の原理は、新たに数学理論や物理理論を構築するときの基本的な考え方として、今日でも守られなければなりません。

「もう一度、実無限の立場から考えてみよう。自然数の総数は無限大である。実数の総数も無限大である。しかし、自然数の総数としての∞と、実数の総数としての∞は異なる。前者の∞は$\aleph_0$であり、後者の∞は$\aleph_1$である」
サクくんの説明はさらに続きます。
「数学は、無限の濃度という大きな発見によって、無限同士の大きさを比較することができるようになったと言われている。しかし、これは無限同士ではなく、実無限同士だ。矛盾した概念同士の大きさを比較しても意味はないのさ」
サクくんはオッカムのカミソリを使って、濃度をばっさりと切り捨てました。

あれほど実無限を信奉していたサクくんの変身振りに、ミサさんは改めて驚きました。というのは、サクくんが最初は実無限を擁護していたけれども、その後は完全に否定し、学校から放り出されることを覚悟して前任の校長とやりあった話は、あまりにも有名だったからです。

　ここでミサさんは、疑問を感じました。
「自然数を拡張した概念が∞であり、実数を拡張した概念も∞よね」
「そうさ」
「それらをさらに拡張した概念が、$\aleph_0$ と $\aleph_1$ よね？」
「そうさ」
　ミサさんは、もう一度、式を書きました。

　　$\aleph_0 < \aleph_1$

「この式に何か疑問があるのか？」
「あるわ。でも、今感じた疑問は、$\aleph_0$ でもなければ $\aleph_1$ でもないわ」
「ということは？」
「その間にある＜です」
「どういうことだい？」
「$\aleph_0$ は数ではありません。$\aleph_1$ も数ではありません。でも、＜という不等号は、数の大きさを比較する記号です。

この記号は不適切じゃないのかしら？」
「上の式で使われている不等号を、従来のそれと混同するから、おかしくなるのさ」
「では、この記号は本来の不等号と違うの？」
「まったく違うのさ」
「まったく？」
「そうさ。$\aleph_0$ は自然数の個数を拡張した概念であり、$\aleph_1$ は実数の個数を拡張した概念であり、その間にでんと座っている＜という記号は、数同士を比較する不等号を拡張した概念なのさ」
「じゃあ、これら３つとも、すべて拡張された概念の記号なの？」
「そうさ」

　ミサさんは、あまりにも拡張された概念と記号が氾濫していることに、改めて驚きました。

　サクくんは次のように整理して書きました。

　　$1 < \pi$　　１：自然数という数
　　　　　　　＜：数の大きさを比較する不等号
　　　　　　　π：実数という数

$\aleph_0 < \aleph_1$　$\aleph_0$：自然数の個数を拡張した新概念
　　　　　＜：不等号を拡張した新概念
　　　　$\aleph_1$：実数の個数を拡張した新概念

「今までの記号を増設した新概念にも転用するから、どんどんおかしくなってしまうのさ。『明らかにこれはおかしい、これは納得できない』と思われるような拡張には、論理的な無理がある。自然数や実数を拡張した無限大も、個数を拡張した濃度も、それぞれ論理的に飛躍しているのさ」
「有限から無限に拡張する一瞬に、論理が働かなくなるとうのね？」
「そうさ。この瞬間に、さまざまな非論理的な内容が混入しやすいのさ」
「じゃあ、同じ非論理を抱えているならば、非論理的な拡張と非論理的な良識とでは、どちらを信用したほうがいいの？」
　ミサさんの疑問はさらに深くなっていくようです。

◆ お見舞い

「あら、もうこんな時間ね」
　ミサさんは、右腕にはめているカラフルなかわいい腕時計を見て言いました。

「帰らなくちゃ」
「送って行くよ」
「でも、これからおじいさんをお見舞いに行くのでしょう？」
「方向が同じだからね」
　ミサさんは、あとかたづけを始めます。サクくんは、花火の設計図と製作マニュアルをロッカーの中にしまいました。花火完成までお世話になった大事な宝物です。ロッカーにはしっかりと鍵がかけられました。

　試作花火を抱きかかえたサクくんは、ミサさんと一緒に表に出ました。空中には何台かの自動車が止まっています。サクくんが声を出すと、そのうちの１台が降りてきました。
「ハッチバック、オープン」
　そういうと、車の後ろのドアが開きました。サクくんは、その中に花火を積み込みました。そして、サクくんは運転席に、ミサさんは助手席に乗り込みました。
「いつもの花屋さん」
　サクくんの声に反応して、車は静かに動き出しました。ミサさんが毎日のように使用している通勤用のマイカーは、いつの間にかその後を追いかけて走ってきています。

　５分ほど走ると、車は花屋の前で止まりました。サクくんは車から降りて花を買い、その隣にある果物屋さんでフ

ルーツを買って、再び車に乗り込みました。

　やがて、ミサさんの住むマンションの前にやってきました。そして、降りたミサさんと別れを告げました。
「今日は楽しかったよ」
「また、明日ね」
「ばいばい」
「打ち上げのとき、気をつけてね」
　ミサさんは、サクくんの乗った車にいつまでも手を振っています。でも、その目からは一筋の涙が流れています。大好きなサクくんを思っての涙でしょうか？　それとも、ザンラン星に残してきた年老いた両親のことを思っての涙でしょうか？

　空中自動車はさらに10分ほど走って、1軒の家の前で止まりました。それは小さな古ぼけた平屋であり、庭は広そうですが、さまざまな木や草が生えていて、うっそうとした印象があります。お世辞にも豪華な家とは言えません。

　サクくんは、花とフルーツを持って降りました。すると、車は自動的に上昇して、10メートルほどの高さで止まりました。あちこちで、同じような高さで停車している車が見られます。停車位置の間隔は10メートルのようです。ガワナメ星の道路交通法では、原則として上下の空中駐車

と決まっているので、今では地上に止まっている車はあまり見られません。

家の門には「ヒデ先生」という表札がかかっていました。サクくんはチャイムを押しました。

　ぴんぽ〜ん

「は〜い、どうぞ」
　近くで直接、声が聞こえました。門を開けて敷地内に入ると、庭にはラッセル老人とすべてのお嬢様がいました。ラッセル老人は車椅子に乗り、それを押しているのがすべてのお嬢様です。
　老人はこのところ身体が弱くなり、言うこともちぐはぐになってきました。今では、お嬢様が献身的に介護しています。
「久しぶりじゃのう」
「そうですね」
「元気か？」
「はい、おじいちゃんは？」
「わしか。わしはあまり元気じゃよ」
「今日はお見舞いに来たんだ」
「わざわざ健康なわしをお見舞いに来てくれるなんて、ありがたいことじゃ」
　2人の会話を聞いて、すべてのお嬢様は微笑んでいます。

「どうもありがとう。おじいちゃんも喜んでいるわ。あら、きれいなお花ね」
「俺に似合わないだろう」
「そんなことないわ。さっそく生けましょう」
　玄関を開けて、3人は家の中に入って行きました。

第3幕

存在しない極限図形

◆ ヒデ先生宅

「あら、よく来てくれたわね」
　マユ先生が出てきました。奥ではヒデ先生がテーブルに向かって、なにやら原稿を書いています。
「やあ、久しぶりだな」
「しばらく会っていないから、俺の顔を忘れていないか確かめに来たんだ」
「相変わらずね」
　マユ先生は微笑みながらサクくんを招き入れました。
「これ」
　サクくんは持ってきたフルーツをマユ先生に渡しました。
「まあ、どうもありがとう。ゆっくりしていってね」
「そうもいかないんだ」
「そうね、今日は試作花火を打ち上げる日ね」
「大きくて運び込むのが大変だから、今は車に積んであるよ」
　ヒデ先生も今夜を楽しみにしています。
「いよいよ、今夜だな」
「はい」
「がんばれよ」
「はい」
　サクくんは、ヒデ先生の近くに行って覗き込みました。
「どんな原稿を書いているのですか？」

「カントールの対角線論法の続きだよ」
「あれ？　あれはあれで完結した本ではないのですか？」
「いいや、あれからまた新しいアイデアがわいてきたのだ。これはその続きだ」
「今度はどんな題名の本ですか？」
「題名は、カントールの区間縮小法だ」
「区間縮小法って、確か、対角線論法の前身だったよね」
「そうだ」
「どんな内容なの？」
「それは読んでのお楽しみだ」
「書き上がったら、ぜひ、読ませてね」
「もちろんだ」

　サクくんは、そばに置いてあった数冊の本が気になりました。
「その本は何？」
「アインシュタインの一般相対性理論の本だ」
「へ〜。どうしたの？」
「宇宙インターネットで、地球の本屋から購入したのさ」
　ヒデ先生は、最近になってから地球の数学と物理学に大変こっています。ひまさえあれば、非ユークリッド幾何学や相対性理論を調べています。そして、それをミーたんやコウちんたちに話しています。子供たちは目を輝かせて聞いていますが、マユ先生は少しうんざり顔で聞いていたり

しています。
「その隣にある本が非ユークリッド幾何学の本で、その下がゲーデルの不完全性定理の本だ。君も読んでみるかい？」
「いえ、けっこうです。今は花火の製作に忙しいので…」

　サクくんはお嬢様と一緒に老人の部屋に行きました。お嬢様は、花を花瓶に生けています。

「おじいちゃんが元気でいるので、安心したよ」
「わしも、お前が元気に来てくれるので、安心じゃ」
「試作花火を作るとき、図面を書くのだけれども、どうも最近は図形がうまく描けないんだ」
「ほほう、それはまたどうしてかな？」
「図形を描いているうちに、だんだん図形というものがわからなくなってきちゃうのさ」
「そりゃ、スランプというもんじゃ」
「どうしたらいい？」
「簡単じゃ。そのスランプから脱出するには、図形について徹底的に思考することじゃ」
「それを教えてくれる？」
「わかった。わしに任せなさい。まずは、幾何学について教えてあげよう」
　お見舞いのはずが、いつの間にか数学の授業に早変わりしてしまいました。

◆ 幾何学

「幾何学は図形を扱う学問じゃ。そして、まずは図形を点の集合と見なければならないんじゃ」
「ということは、幾何学の根底に無限集合論があるの？」
　すべてのお嬢様が聞きました。
「そうさ」
　一瞬早く、サクくんが答えました。
「そういうことになるのじゃ」
「集合論が幾何学にまで大きな影響を及ぼしていたなんて、本当に驚きさ」
「幾何学で扱う空間は集合とも呼ばれているんじゃ」
「そして？」
「話を先取りするではない。そして、幾何学で扱う点は集合の要素と呼ばれるのじゃ」
　サクくんはメモを取りました。

　空間＝集合
　点　＝要素

「わかったか？　空間は点の集合というわけじゃ」
　ラッセル老人は、ノートにすらすらと空間を書いていきました。

【空間の種類】
　0次元空間＝点
　1次元空間＝線
　2次元空間＝面
　3次元空間＝空間

さらに書き続けます。

　4次元空間
　5次元空間
　6次元空間
　7次元空間
　　　⋮

　サクくんとすべてのお嬢様はじっと見ていますが、どうも終わりそうにありません。老人の額からは汗が流れ始め、サクくんはあくびをし、お嬢様は編み物を始めようかと思いました。

「ねえ、おじいちゃん。1つ聞いてもいい？」
「なんじゃ？」
「3次元空間まではイコールのあとに別名があるけれど、4次元空間以上になると、どうしてイコールも右辺も消えてしまうの？」

「いいところに気がついた。空間が点の集合であり、かつ、空間がその部分集合として図形を含むならば、図形も点の集合になるのじゃ。だから、幾何学の根底に集合論があると言われているのじゃ」

　質問に対してとんちんかんな答えをするラッセル老人ですが、サクくんは、そんな老人をとてもかわいいと思っています。

◆　**図形**

「集合論は最高の理論じゃ。この理論は、ばらばらであった今までの数学理論を統一して、現代数学の確固たる基礎を築いたのじゃ。この理論によれば、図形は点の集合であるのじゃ」
「図形とは、点と線と面と立体を組み合わせたものじゃないの？」
　サクくんは聞きました。
「それはちょっと違うのじゃ」
「じゃあ、点とは何ですか？」
「点とは、点の1要素集合じゃ。1要素集合とは、要素が1個の集合じゃ」
「じゃあ、線は？」

「点の無限集合じゃ」
「面は？」
「面も点の無限集合じゃ」
「立体は？」
「立体も点の無限集合じゃ。これによって、点も線も面も立体も、点の集合というたった１つの原理で説明可能じゃ。どうじゃ、素晴らしい理論じゃろうが…」

　得意になって集合論の便利さを強調しているラッセル老人に、サクくんは疑問を持っています。
「俺は違うと思う」
「なに、年寄りに意見するつもりか？」
「ごめんなさい…」
　サクくんは一応、謝りました。卒業してから、ずいぶんと大人になったものです。
「でも、点も線も面も立体も、直感的な存在だと思う」
「思うことは自由じゃが、それでは数学が成立しないし、発展もしないのじゃ」
「そうじゃなくて、図形を直感的に定義したほうが、健全な幾何学を構築できると思うのさ」
「では、サクくん。君の思っている点とは何じゃ？」
「点とは、長さも広さも大きさもない図形さ」
「では線とは？」
「長さのみを持つ図形さ」

「面とは？」
「長さと広さを持つ図形さ」
「では、立体とは何じゃ？」
「長さと広さと大きさを持つ図形さ」
「では、超球は何を持つ図形じゃ？」
「超球って何？」
「4次元世界の球だ。これは大きさ以外に何を持っているのじゃ？」

サクくんは、答えることができませんでした。
「わかったじゃろうが…　そのような直感だけでは、正しい幾何学はできないのじゃ」

◆ 点

「そもそも、『点とは、長さも広さも大きさも持たない図形である』で、点を厳密に定義できていると思っちょるのか？」
「厳密な定義とはどういうことなのさ？　厳密な定義を問題にするならば、まず、厳密な定義を厳密に定義してみてよ」
「教えてもらう分際で屁理屈をこねるとは、生意気な奴だな」

サクくんは、はっとして反省しました。

「すいません」

「厳密な定義は厳密な定義じゃ。定義の中に『長さ』や『広さ』や『大きさ』などの日常用語がふんだんに使われている場合、これは厳密な定義とは言えんのじゃ」

　すべてのお嬢様は追加しました。

「それだけじゃないわよ。『持たない』という日常用語も入っているわ」

「だったら、おじいちゃん。やはり、厳密な定義は不可能さ」

「それが大事じゃ。点を厳密に定義することはできない。だったら…」

「だったら、なに？」

「だったら、いっそのこと定義しなければ良い」

「無定義にするのか？　それはまた問題さ」

「どうしてじゃ？」

「無定義にしたら意味が失われてしまう。そしたら、真偽を持たない非命題になってしまうのさ」

「じゃあ、どうすればいいのじゃ？」

「厳密な定義はできない。無定義にもできない」

「ジレンマね」

「その間で、妥協した定義をするしかないのさ」

「結局、私たちは良識で定義すべきね？」

「そうさ。数学からあいまいな主観を排除すべきであることは確かさ。しかし、主観のなかでも多くの人に共通して

いる普遍的で良識的直感は大切さ」
　論理一辺倒であったサクくんが、最近はしょっちゅう論理以外のことも口にします。

「いや、現代数学においては、点とは何かということを定義せず、単に空間の要素であるとみなされるのじゃ」
「でも、これは立派な定義よ」
　すべてのお嬢様は鋭いところを指摘します。
「なに？」
「『点とは、空間の要素である』は定義です」
「そうかの〜。わしは、図形を構成する最小単位が点であると思っていたのじゃが…」
　ラッセル老人は考え直しました。
「そうだ、わしは間違っていた。いくら点を用いても、直線や平面を構成することはできないんじゃ。そういえば、ヒデ先生が以前に言っていたな。今、やっと思い出した」

　ラッセル老人は話題を少し変えました。
「ところで、お前たちは点の作り方を知っているか？」
「はい。鉛筆で紙をちょこんとつつくと、点ができあがります」
「そんなのは子供だましじゃ」
「じゃあ、おじいちゃんはどうやって作るの？」
「線の分割を無限回行なうと点ができるのじゃ」

ヒデ先生の言ったことをもう忘れてしまっているようです。

「そんなことないさ。無限回の分割を行なった後で線が点に変化する、という保証はないと思う」
「サクくん、なぜ、そう思うんじゃ？」
「無限回の分割という操作そのものがあり得ないからさ」
　すべてのお嬢様もサクくんに味方します。
「無限回続けるという操作はあり得るわ。でも、無限回の操作が終わるということはないわ」
　ラッセル老人は、再びヒデ先生の言ったことを思い出しています。
「そのとおりじゃ」

「では、ある線があり、そこから任意の点を取り除くことは可能じゃが、すべての点を取り除くことも可能だと思うか？」
「すべての点を取り除くとはどういうことですか？」
「すべての点を取り除くということは、この点も取り除き、あの点も取り除き、…という具合に点を残らずすべて取り除くことじゃ」
「無限に存在するものを１個１個取り除くとしたら、これは永久に終わらないさ」
「そうね。これを終わらせる方法はないかしら？」

「そうじゃ。いっきに取り除けば良いのじゃ。つまり、線を点の集まりと考えて、そのまとまった状態でごそっと取り除けば、すべての点を取り除くことも可能なのじゃ」

　図形を点の集合と言ったり、図形は点の集合ではないと言ったり、ラッセル老人の発言はいろいろ変化します。

◆　直線公理

「ところで、お前たちに直線公理なるものを教えよう」
　ラッセル老人は、ノートに次のような3つの公理を書きました。

（1）平面上の異なる2つの点を通る直線が、ただ1本だけ存在する。
（2）任意の直線は、2つ以上の点を含む。
（3）平面上には、同一直線上にはない3つの点が存在する。

　いたって、当たり前のことのようです。しかし、ラッセル老人はこれらの公理が抱えている問題点を指摘します。
「これらのうち、1つは仲間はずれじゃ」
「えー？」

サクくんもお嬢様も急に言われて、どれが仲間はずれかわかりません。
「わかりません」
　すべてのお嬢様は、すぐにギブアップしました。
「みんな正しいのでしょう？」
「いいや、1つだけ間違いじゃ」
　サクくんは、しばらく考え込んでいましたが、やがてギブアップしました。
「わからない」
「ふふふ」
　ラッセル老人は、まだ考え中の2人を見て、含み笑いをしました。
「教えてほしいか？」
「教えてほしい」
「では、教えてやろう。答えは（2）じゃ」
「どうして？」
　ラッセル老人は、ノートの直線公理の問題のある部分を赤く塗りました。

（1）平面上の異なる2つの点を通る直線が、ただ1本だけ存在する。
（2）任意の直線は、2つ以上の点を含む。
（3）平面上には、同一直線上にはない3つの点が存在する。

「わかるかな？」

「わかんない…」

「（1）の点は平面の上にある。（3）の点も平面や直線の上にある。ところが、どういうわけか（2）だけは、点が直線に含まれているんじゃ。点が直線の上にないのじゃ」

これには、サクくんもお嬢様もはっとしました。

「点は、直線や平面に含まれるの？ それとも、直線や平面の上にちょこんと乗っているだけ？」

「ちょこんと乗っているだけじゃ。なぜならば、点は直線や平面の要素ではないから、含まれていないのじゃ」

ラッセル老人はそういうなり、直線公理を次のように書き変えました。

（1）平面上の異なる2つの点を通る直線が、ただ1本だけ存在する。

（2）直線上には、2つ以上の点が存在する。

（3）平面上には、同一直線上にはない3つの点が存在する。

「これで万全じゃ」

◆ **直線**

　サクくんは聞きました。
「では、点を要素として含まない線とは何ですか？」
「幅のない長さだけを持つ図形じゃ。広さや大きさを持たない図形じゃよ」
　ラッセル老人の言うことは、また変わりました。
「では、直線とは何ですか？」
「直線は、無限にまっすぐのびていく線じゃ。その直線の一部に線分がある。実数とは、この線分の長さに相当する数じゃ」
「線は図形だよね。なら、直線は図形なの？」
「図形と考えるのじゃ」
「じゃあ、直線は長さを持っているんだ。その長さの値を教えてくれる？」
「どんどん大きくなっていくから、決まった値は持っていない」
　お嬢様は聞きました。
「直線の長さは決まっていないの？　今決まっていないのなら、いつ決まるの？」
「いつまでも決まらない」
「どうしてなの？」
「無限は終わらないからだ」

でも、すべてのお嬢様はすでに決まっている直線の長さを信じています。それは、∞です。

「ところで、無限にまっすぐのびた線という表現には、その解釈が２種類あるのじゃ。それはわかるかな？」
「いいえ」
　ラッセル老人は、無限にまっすぐのびた線、いわゆる直線を次のように説明し始めました。

　可能無限による直線：
　直線とは、長さが無限にのびていくまっすぐな線である。

　実無限による直線：
　直線とは、長さが無限大のまっすぐな線である。

「無限の本来の定義は終わらないことだから、その本質は動的なものじゃ。可能無限による直線の定義は、どんどんのびていく動的な線じゃ」
　すべてのお嬢様は黙って聞いています。
「それに対して、この無限が終わった状態が実無限による直線だから、どちらかというと静的じゃ。つまり、実無限による直線は、可能無限による直線が完全にのびきった線じゃ」
　サクくんは聞き直しました。

「実無限による直線は、これ以上はのびないという極限に到達した『完結した線』なんだね」
「そうじゃ。無限大は実無限の概念じゃ。だから、『直線は無限大の長さを持つまっすぐな線である』という定義は、実無限による定義じゃ。これは『のびる』という可能無限的な現象がすでに終了してしまっている『完結している直線』じゃ」

ラッセル老人は、次のようにも書きました。

可能無限による直線：未完結の線
実無限による直線　：完結した線

「ところで、直線の性質は何かわかるかな？　直線の上に乗っている点を考えてごらん」
「直線に含まれる点だよね？」
「違う。その表現では『点は直線の要素である』という間違った意味になってしまうのじゃ。直線は点の集合ではないから、点を要素として持たないのじゃ」
「だから、直線上の点というの？　点は直線の上に乗っているという表現をして、直線と点が本質的に違うことを強調しているの？」
「そうじゃ」

「直線上の点が直線に含まれないのならば、直線上の線分も直線に含まれないのでしょう？」
「いいや、線分は直線に含まれるのじゃ」
「どうして？」
「線分は直線の一部じゃ」
「だったら、点も直線の一部でしょう？」
「違う、点は直線の一部ではない。線分も直線も線じゃが、点は線ではないのじゃ」
「では、『直線は、点の集合である』という考え方は、根本的に間違っているの？」
「まあ、そうじゃ」
「ふ〜ん。直線は集合じゃないのね」
「それもまた違うのじゃ」
「え？」
「直線は線分の集合じゃ」

　話は堂々巡りになっていますが、サクくんはあまり気にしないようにしています。
「そうさ。ラッセル老人の言うとおりさ。直線は点の集合ではないが、線分や半直線の集合にはなっている。たとえば、直線は半直線２本の集合でもあるのさ」

◆ まっすぐ

「もう一度、おさらいをしよう。直線にはどんな性質があるのか、知っておるかな？」
「1つは長さが無限であること。もう1つはまっすぐであることさ」
「長さが無限であることとは、長さが無限大であることかしら？」
「それでは、実無限になってしまう。俺たちがみんなで力を合わせて運動していることは、定着した実無限を数学から排除することさ」
「無限大という用語を数学から排除することね」
「それだけじゃない。∞という記号も、数学から排除したいのさ」

　ラッセル老人は首を横に振りました。
「それは、とても難しい。わしも若いころ挑戦したことがあるが、結局、実現できなかったのじゃ。そこで、泣く泣く実無限と妥協したのじゃ」
「どうして難しかったの？」
「時期が早すぎたのじゃ。その一言に尽きる。わしの提案に社会がついてこなかったんじゃ」
「今は絶好の時期だと思う。これを逃したら、これから先、何百年も数学は実無限を抱えたまま、矛盾の道を歩み続け

ること間違いないさ」
「でも、注意しなされ」
　ラッセル老人は忠告します。
「無限大という数学用語と、∞という数学記号は、あまりにも便利すぎるのじゃ。だから、それを捨てるとなると数学だけではなく、物理学までもが大混乱におちいってしまう」
「でも、その混乱は人類の長い歴史からみれば一時的なものに過ぎないさ」
「その一時的な混乱を、人間は嫌うのじゃ。わしはそれを、若いころに嫌というほど知ったのじゃ。聞くところによると、ジー校長も数学を変えることができずに、打ちひしがれているそうじゃな」
「そんなことないよ。けっこう明るく暮らしているさ。それに、もう校長でもない」

「とにかく、混乱が最小限に抑えられるようにしなければならん。そのためには実無限を排除する前に、無限大と∞に替わる可能無限の用語と記号を、早急に確立することが先決問題じゃ。それらができ上がったら、あるときを境としてごっそり入れ替えればよいのじゃ」
「その新しい用語と記号は誰が作るの？」
「わしは老い先短いから、よう作らん。それを作るのは、若者である君らじゃよ」

「俺が作るの？」
「そうじゃ、頭の体操になるから、いろいろ考えてみるんじゃな」
「頭の体操になるんだったら、おじいちゃんも作ってごらんなさいよ」
　すべてのお嬢様に言われたラッセル老人は、にんまりしています。
「そうじゃな。考えておこう」

「ところで、直線の『まっすぐ』とは、どんな性質があるのか、知っているかな？」
「任意の点で2本の線に分割したとき、両者のなす角度が常に2直角さ」
「では、これを直線の定義にはできないかな？」
「定義と性質は異なるよ。これは直線の性質であって、定義ではないさ」
「そうじゃ。よくできた。直線の定義はまっすぐに無限にのびていく線じゃ。では、直線が本当にまっすぐかどうかを考えてみよう」
「当たり前のことをどうして考えるのですか？」
「数学とはそういうものじゃ。では、まっすぐとは？」
「少しも曲がっていないことさ」
「では、曲がっているとは？」
「まっすぐでないことさ」

ラッセル老人は、少し中腰になって、曲がった腰を伸ばして言いました。
「定義が循環しているぞ」
　そのまま、腰をトントンたたいています。
「もっとも基本となる言葉は、最終的には循環します」
「循環する定義は、厳密な定義とはいえないのではないかしら？」
　すべてのお嬢様も口をはさみました。
「厳密な定義など、そもそも不可能さ」
「だったら、循環する定義などしないで、はじめから定義しなければ良いのじゃないかな？」
「定義をしない…　ということは、無定義にするのですか？」
　またもや、同じところに戻ってきました。サクくんは納得できないようです。
「基本的な用語を無定義にしたら、これ幸いとばかりに『完結する無限』や『曲がった直線』という矛盾した概念を数学に導入されてしまいます。そうすれば、数学は矛盾した学問と化してしまいます」
「そのとおり。直線は良識にしたがって定義しなければならないのじゃ。無定義と良識的な定義は違う。無定義は、定義そのものを回避することじゃ。良識的な定義は、論理的な定義ではなくて、素直な直感で定義することじゃ」

◆ **良識**

　良識は大切であるというラッセル老人の意見を聞いて、サクくんは少し安心したようです。

「数学を良識的に作ることは、とても大切なことじゃ。良識的に作れば、子供たちは数学にじゅうぶんについてこれる。しかし、これを失うと誰もついてこれなくなるんじゃ」
　ラッセル老人は、子供たちの数学離れを真剣に心配しています。
「数学の基本的な用語を無定義にすることは、意味を失うことじゃ。公理を単なる仮定に格下げしたりすることは、真偽を失うことじゃ。これらは、ともに非命題化じゃ。その結果、数学は意味不明のゲームのたまり場になってしまうんじゃ」
「おじいちゃん、そんなことはないよ」
　すべてのお嬢様とサクくんが慰めても、ラッセル老人は次第に意気消沈してきました。

「昔は良かった」
「またその話ですか？」
「本当に、昔はよかった」
　ラッセル老人は、自分の子供時代の思い出にひたっています。

「定義も良識で作り、公理も良識で作るという、昔ながらの心のこもった公理系がなつかしいのお〜」

ラッセル老人は、顔をほころばせながら昔を回想しています。

「心のこもった手作りの公理系は良かった」

語気が次第に荒くなってきました。

「今の数学には心がこもっていない」

顔が赤くなり、額の血管が浮き出ています。

「おじいちゃん、身体に毒ですよ。血圧のお薬を飲む時間ですよ」

すべてのお嬢様は、医者からもらった袋から降圧剤を2種類取り出すと、水と一緒に老人に渡しました。ラッセル老人は、それを受け取ると静かに飲み干しました。そして、一言いいました。

「ふ〜」

やがて、目を閉じてすやすやと眠り始めました。しかし口元をむにゃむにゃと動かしています。どうやら、寝言をいっているようです。

「現代社会からは、もっとも大事なものが失われているんじゃ…　良識的な直感が欠けているんじゃ…」

すべてのお嬢様は、自分の顔をラッセル老人の顔に近づけました。

「心が喪失しているんじゃ…　数学は心で作るもんじゃ…」

そして、耳元でそっとささやきました。

「おじいちゃん、おやすみなさい…」
　とうとう、ラッセル老人は車椅子に座ったまま寝てしまいました。すべてのお嬢様は老人を軽々と抱き上げると、ベッドの上にそっと降ろしました。そして、足元にあったタオルケットを優しく掛けてあげました。

◆　お茶の時間

　みんなは静かにしました。そのとき、ドアをノックする音が聞こえます。

　トントン

「は～い」
　すべてのお嬢様は小さな声で返事をしました。
「入るわね」
　お茶とお茶菓子を持って、マユ先生が入ってきました。
「あら、疲れているのかしら？」
　ラッセル老人を見て、マユ先生は心配しました。
「今、おやすみになったところです」
「そう、おじいちゃんの大好きなお茶なのに…」

　マユ先生は、テーブルにお茶とお菓子を置きました。あ

れから3年もたち、マユ先生は数学第1講座の教授となりました。ヒデ先生も、ジー警備員のおかげでノワツキ学校に復帰できて、数学第2講座の教授となりました。2人は学校の近くに自宅を構えていたのでした。

　しかし、2人には問題が山積みされています。というのは、現在、ヒデ先生やマユ先生らが中心となっている実無限排除派と、ノブ校長らを中心とする実無限擁護派が対立して、ノワツキ学校が二分しているからです。この2つの派閥争いがしょっちゅうニュースで流れるので、学校の評判も悪くなり、入学者数も減ってきています。また、数学を勉強している生徒たちは、いったいどちらの数学を信じてよいのか迷っています。

　このような事態を重くみた政府の学校省は、世間に対して「実無限をむやみやたらと議論しないように、静観するように」という通達を出しました。しかし、すでに大きな社会問題となっており、奥様がたの井戸端会議で話題になったり、小中学校の生徒や幼稚園の幼児の間でも話し合われたりしています。また、実無限を認めるか認めないかで取っ組み合いのけんかになる事件も数件、発生しています。中には実無限排除派と擁護派のどちらが勝つかで、お金を賭ける不届き者まで出てくる有り様です。

◆ 空間

「今、おじいちゃんに幾何学を教えてもらっていたのさ」
「私でよければ教えられえるかもよ」
「そんな、恐れ多いことを… でも、教授に直接教えてもらえるなんて、とても光栄です」
「それで、何がわからないのかしら？」
「実は、新しい花火を考案しているのさ」
「どんな花火なの？」
「爆発したとき、周囲の空間を曲げることができる花火さ」
「空間を曲げる？」
「そう。でも、設計図を書かないと社長の試作許可も下りないし、会社も予算を出してくれないんだ」
「普通はそうね。設計図は、最低限必要よ」
「それがまいっているのさ。曲がった空間がどうしても描けないんだ。描こうとすると、どうしてもゆがんだ立体になってしまう」
「そう。では、サクくんの考えている立体とは何かしら？」
「大きさを持つ図形さ」
「じゃあ、立体と空間の違いは何？」
「空間とは、立体をあらゆる方向に無限に伸ばしていく図形さ」
「線分を無限に伸ばしていく図形が直線と考えるのと同じね」

サクくんの悩みを聞いて、曲がった空間をどのように描くか、マユ先生はじっと考えています。そして、おもむろに聞きました。

「サクくん、点を曲げることができると思いますか？」
「曲げられない」
「では、曲げられない図形が存在することは認めるの？」
「実際に点がそうだから、もちろん認めるさ」
「では、線は曲げられますか？」
「曲げられるさ。直線を曲げれば曲線になるからさ」
「平面も曲げられるわ。平面を曲げれば曲面になるわ」
　すべてのお嬢様も一緒になって考えてくれています。

「では最後に、空間は曲げられますか？」
　マユ先生は、とても大切な問題を提起しました。
「曲げられるさ」
「どうして、そう思うの？」
「力の強い力士が丸いボールを力いっぱいに両側から押すと、ラグビーボールみたいに変形する。立体が曲げられるのだから、空間も曲げられるさ」
「力によって、空間が曲がるの？」
「力とは限らない。とにかく、曲がった空間は存在するだろう。だけれども、変形した立体は描けるのに、曲がった空間が描けなくて困っているんだ」

マユ先生は、ここで初めてサクくんが「立体が変形すること」と「空間が曲がること」の違いを理解できていないことを知りました。

「いいこと、サクくん。平面を曲げるのと空間を曲げるのとは、根本的に違うのよ」
「え？　何がどう違うの？」
　サクくんは、いったい何がどうなっているのか、頭の中がさっぱり整理できていませんでした。

「少しずつ、考えて行きましょう。ところで、サクくんが点を曲げるとはできないと思った理由は何かしら？」
「曲がった点をイメージできないからさ」
「では、直線や平面を曲げることはできると考えたのは、イメージできるから？」
「そうさ」
「では、次に頭の中で空間を曲げてごらんなさい。どんなイメージがわいてきますか？」

　サクくんはしばらくふんばって瞑想していましたが、やがて力なく答えました。
「どうしても、立体を変形した形しか浮かばない」
「ふー」
　マユ先生は、ため息を1つつきました。

「それって失礼だよ」
「ごめんなさいね。つい癖で、ため息をついてしまったわ。でもサクくん、あなたは一生懸命努力したわ。それは認めるわ」
「そんなことより、俺の間違いを早く教えてよ」
　花火のこととなると、真剣になるサクくんでした。
「そうね、どういう説明から入ろうかしら？」

　マユ先生は、説明に迷いながら、話し始めました。
「直線を曲げると、『曲線』という名前の線になります。平面を曲げると、『曲面』という名前の面になります。これは事実よ。受け入れられる？」
「もちろんだ。それに反対する人は誰もいないさ」
「では、空間を曲げると、何という名前になるの？」
　サクくんはしばらく考え込んでから、はっとしました。
「名前がない…　どうして？」
「空間を曲げた後に得られる図形は、名無しの権兵衛よ」
　すべてのお嬢様は、くすくすと笑いました。
「どうして名無しの権兵衛なの？」
「イメージできないから、名前をつける必要がなかったのよ。もし、具体的に想像できるのであれば、とっくの昔に、『曲空間』とか『曲間』とか、きちんとした図形の名前をつけられていたでしょう」

「じゃあ、俺は曲空間を作り出す花火の設計図を描きたいんだ」
「でも、それは無理よ」
「どうして？」
「曲がった空間なんて、誰も具体的にイメージできないの。だから、描けないのよ。誰も見たことのないお化けを描けと言われても、誰も描けないようなものよ。曲空間は、直線や平面の曲がりをただ単に空間に拡張しただけの概念なのよ。だから、曲線や曲面みたいな具体的な形を持たないのよ」
「形を持たない概念… でも、拡張した概念のすべてがいけないわけではないさ」
「あなたは、むやみやたらと拡張を認めない、従来の数学を重んじる立場だったのに。花火となると目の色が変わるのね」
「とにかく、奇抜な花火を考案して、それで会社を立て直したいのさ」

　サクくんの勤務している花火会社のヨウ社長は、一人でも多くの人に楽しい花火を見てもらおうと、常に新しい花火の開発に意欲的です。ときには、採算が合わないような花火も作ります。そのため、あまり経営状態は良くありません。そんな社長を尊敬しているサクくんは、是が非でも空間を曲げることができる花火を作りたいと思っています。

◆ 曲空間

「では、もう一度考え直してみましょう。座標には次元があるわ。0次元、1次元、2次元、3次元…」
　その後、サクくんはラッセル老人と同じように拡張していきます。
「そして、4次元、5次元、6次元…」
　サクくんの拡張にマユ先生は微笑んでいます。
「幾何学的には0次元とは点のことよ。1次元は直線、2次元は平面、3次元は空間です」
「そして、4次元は4次元空間、5次元は5次元空間さ」
「ズルズルズルズル…」
　すべてのお嬢様は、お茶を飲んでいます。

「点は曲げられない。直線は曲げられる。平面も曲げられる。では、空間は曲げられるか曲げられないか、という問題よ」
　すべてのお嬢様は、今度はおせんべいを食べ始めました。
「でも、ポリポリ、点や空間を曲げられると仮定すれば、ポリポリ、n次元空間はすべて曲げられるという簡単な命題になるわね」
「その簡単な命題が本当に命題かどうかを、今これから議論するところよ。では、曲げられるという用語をもっと詳しくみてみましょう」

今まで何気なく使っていた日常用語を再検討するとは、マユ先生は意外と哲学的です。

「『点を曲げると点になる。だから、点は曲げられる』と考えることは、どうでしょうか？」
「いいと思う」
「じゃあ、『直線を曲げると直線になる。だから、直線は曲げられる』という論理も認めるのですか？」
　サクくんは、これはおかしな論理だなと思って、先ほどの返事を撤回しました。

「では、次に直線を曲げることについて考えてみます。両手でゴムひもをぴんと張っている状態を想像してごらんなさい」
　サクくんとすべてのお嬢様は、目をつぶってイメージしています。
「目を閉じなくても結構よ。これは1次元と考えるの。そのゴムひもの両端を引っ張るとどうなるかしら？」
「ゴムひもが伸びるさ」
「そうね。これは曲線かしら？」
「違う。直線さ」
「そうね、いくら引っ張っても直線よ」

「では、次に平面を曲げることについて考えてみます。丸

いゴムの円板をイメージしてください」

　サクくんとお嬢様は、再び、目をつぶってイメージしています。
「これは2次元と考えるの。では、そのゴム板の周囲を多くの人で引っ張るとどうなるかしら？」
「ゴム板が伸びるよ」
「そうね。これは曲面かしら？」
「違う。平面だ」
「そうね、いくら引っ張っても平面よ。これを平面が曲がったもの、すなわち、曲面と考える人はいないわ」
「でも、みんなで均等に引っ張らなければいけないのかい？」
「そんなことないわ。疲れてサボる人もいるでしょう。そのとき、丸い形ではなく、ゆがんだ形になったりするかもしれません。多角形になることもあるでしょう。それでも、曲面ではないわ」

「それじゃあ、今度は空間よ。空間を曲げることについて考えてみます。ゴムでできたボールを考えてください」
　今度は、サクくんとお嬢様は、目をらんらんと輝かせています。それだけ、マユ先生の言葉に興味があるのでしょう。
「これは3次元よ。では、多くの人であらゆる方向にこのゴムボールを引っ張るとどうなるかしら？」

「ボールは伸びるさ」
「サボる人によって、さまざまな立体になるわね。楕円体になったり、立方体になったり、傾いた立体になったり、ゆがんだ立体になったり…　ズルズルズルズル…」
「そうね。では、これは曲空間かしら？」
「違う。ただの立体さ」
「そうです。立体をいくら変形しても立体です。立体をどんなにゆがめても、立体の域から出ません。変形した立体を見て『空間が曲がっている』と考えるのは間違いです」
　サクくんは、だんだんとわかった感じがしてきました。
「**直線が曲がる**とは、1次元の直線が2次元方向に曲がることです。**平面が曲がる**とは、2次元の平面が3次元方向に曲がることです」
「じゃあ、**空間が曲がる**とは、3次元の空間が4次元方向に曲がることなんだ」
「そうです。3次元空間内で立体が変形することではありません。『3次元空間内で立体が変形すること』と『3次元空間が4次元方向に曲がること』とは、まったく無縁です」
「なるほど、変形した立体で曲がった空間を表現することは、もともと無理だったのか…」
「曲がった空間は誰にも描けません。だって、今まで誰も4次元を体験した人がいないのよ」
「そんなことはない。4次元を体験した人は存在するかもしれないさ」

「サクくん、この話はよしましょう。幽霊が存在するかどうかの論争と同じになるわ。ところで、形とは何？」

急に話題を変えられたサクくんは、戸惑いながらラッセル老人のテーブルにあった電子辞書を借りて、「形」を調べてみました。

【形】
　目や手によって知られるものの姿。外から見えるもののかっこう。

「形とは、見たり、触ったりできるものなのか…　ついでに、図形も調べてみよう」

【図形】
　物の形を描いた図。［数学］点・線・面などが集まっている一定の形。

「図形とは、形を絵にしたものなのか…」
「わかった、サクくん？」
「う〜〜〜ん」
「**図形は形を持つものです。そして、形というものは、具体的にイメージできなければなりません。イメージできない**ものには形がありません」

サクくんの思考回路がショートしそうです。まだ、うなっています。
「ここで、形がイメージできない図形は図形ではないと考えると、曲がった空間などの4次元以上の大きな次元の幾何学は構成できなくなります」
「どうして？」
「だって、幾何学は図形を扱う学問ですもの」

　具体的に形がイメージできるものを図形と定義すれば、形のない超球や超立方体は図形ではなくなります。しかし、**点の集合を図形**と定義すれば、形は不要です。どんな高次元の図形でも、形なしの図形を扱う集合論で展開できるからです。

◆ 円

　マユ先生の話を聞いてから、サクくんは曲空間の設計図をしばらくあきらめることにしました。でも、完全にあきらめたわけではありません。今でも、時間と空間の融合物である時空を曲げることができると信じています。なぜならば、ガワナメ星では時空を超えた携帯電話がすでに実用化されているからです。

「わかった。では、次のテーマは『曲空間』ではなく、『円』にしよう」
「次の花火よりも、今夜の花火はどうなの？」
「へへ〜」
　サクくんは薄ら笑いをしました。
「今夜の花火のテーマは『天空』さ」
「天空？」
「そうさ。天を割る花火さ。全天空が割れて、そこから神の世界が見えるのさ」
　マユ先生もすべてのお嬢様も、眉毛に一生懸命、つばをつけています。
「そんな怪しいげなテーマなら、まだ円のほうがましよ」
「そうよ。円は、とても神秘的よ」
　すべてのお嬢様は、どことなくミサさんに似ています。

　でも、マユ先生は円に対してシビアな意見を持っています。
「『円とは、ある点からの距離が等しい平面上の点の集合である』という考え方があります。でも、私たちは円を点の集合とは認めていません」
「点の集合を認めないということは、ボリボリ、円という図形を認めないことになるのではないのかしら？」
「いいえ、点の集合という既成概念を円の定義からはずせばいいのです」

「では、ボリボリ、どのようにはずすのですか？」
「おせんべいがこぼれていますよ。円とは、ある点から等距離にある平面上の図形である、などです」

「ノブ校長は強烈に反対するだろなあ」
　サクくんは、ノブ校長のまねをしています。
「定義を変えたら、すべての教科書を書き換えなければなくなるじゃないか。そんな面倒なことはできない。今のままで良いじゃないか」
　その言い方は、そっくりでした。
「ノブ校長は、波風を立てたくないみたいだからね」

「ところで、円はどうやって作るのかしら？」
「コンパスがあればできるさ」
「正 n 角形からも作れるわ」
　すべてのお嬢様の思わぬ言葉に、サクくんとマユ先生は身を乗り出しました。
「どうやって？」
　すべてのお嬢様は、正 n 角形から円を作る手順を説明し始めました。
「まず、円に内接する正 3 角形を作ります」
「それから？」
「次に、その正 3 角形を正 4 角形にします。これも円に内接しています」

「それから？」

「次に、その正4角形を正5角形に変形します。この操作を無限に繰り返していくと、円に内接している正n角形のnがどんどん大きくなって、次第に円に近づいていきます。そして、無限が終わった時点で、この正n角形は正∞角形となり、これが円と呼ばれています」

「じゃあ、円とは正n角形のnに∞を代入した図形なのか？」

「そうよ。円とは正∞角形のことよ」

再び、すべてのお嬢様はうっとりして正∞角形を想像しています。

「しかし、nをいくら大きくしても、円に一致するとは限りません。それを数学的帰納法で証明してみましょう」

マユ先生の説明の仕方が、次第にヒデ先生に似てきました。

(1) 正3角形は円ではない。
(2) 正n角形が円ではないならば、それから角を1つ増やした正 (n + 1) 角形も円ではない。

「(1) と (2) より、どんなにnを大きくしても、正n角形は円に一致しません」

「3以上の任意のnについて、正n角形は円ではないのさ」

「でも、すべてのnについて調べたわけではないのでしょう？　だから、すべてのnについて正n角形は円ではないとは言えないのではないの？　無限のかなたで、正n角形は円に変化しているかもしれないわ」

すべてのお嬢様は、夢見る乙女に変化していました。

◆　極限図形

お嬢様の夢はどんどん続きます。
「円の半径を無限に小さくしていくと、円は点になるのよ」
　胸元で両手の指を組んで、大きな瞳をきらきらと輝かせています。まるで少女マンガですが、袖のあたりからおせんべいのかけらが落ちました。
「円の半径を無限に大きくしていくと、円は直線に変わるのよ」
「それは勘違いです。円の半径をどんどん小さくしていくと、確かに肉眼的には、円は点に近づきます。しかし、本質的には点に近づいていません」
　マユ先生は、夢から覚まそうとしているようです。
「逆に、円の半径をどんどん大きくしても、まったく直線には近づいていません」
「そんなことないわ。円の半径を無限に大きくしていくと、円周の曲がり具合が次第に小さくなるわ。よって、円弧の

長さとその円弧の両端を結ぶ弦の長さの差が次第に０に近づくわ。これは、円が直線に近づいている証拠よ」

「いいえ、どんなに大きな円を描いても、間違いなく円は円です。必ず、中心の周りを１周します。ちっとも直線に近づいていません」

「教授、違うのよ。直線とは、中心が無限遠点にある円なのよ」

「いい加減にしてよ」

マユ先生は少し怒り気味です。

「直線と円の定義はまったく異なるので、両者を融合させた定義は矛盾した定義です」

マユ先生は、お嬢様のおでこをピシャリとたたきました。すべてのお嬢様は目を大きく見開いて、びっくりしています。

「あら、私は… いったい、どうしたのかしら？」

「無限の魔力に魅入られたようね。恐ろしいことだわ」

マユ先生は、その魔力を解かなければならないと思いました。

「ここで、極限値に似た図形の概念を考えましょう。正 n 角形の n を無限に大きくして行くと、その図形は円に次第に近づいて行きます。やがて、n を無限にすると、それは円になります。これは、円を正 n 角形の極限図形とみなす考え方です」

お嬢様は、おでこをなでなでしています。
「ある図形に同じような操作を加えて別の図形にどんどん変化させるとします。その操作を無限に行なうとき、肉眼的にある図形に近づいて行くように感じられることがあります。このとき、この図形を極限図形と呼ぶことにします」
　サクくんにとっては、初めて聞いた名前でした。
「極限値は聞いたことがあるけれど、極限図形など聞いたことがない」
「極限図形は、極限値を拡張した概念です。でも、極限値と極限図形は根本的に異なります。ある図形が別の図形に無限に近づくということが、厳密に定義できません。なぜならば、図形そのものにはイプシロン-デルタが使えないからです。だから、『nを無限に大きくしていくと、正n角形が円に近づく』というのは、あくまでも肉眼的に近づいていくだけです」
「肉眼的に？」
　すべてのお嬢様は、目を大きく見開きました。そして、お茶をすすりました。
「線分をどんどん短くしていくと、次第に点に近づきます。しかし、これも肉眼的に近づいているだけであって、本質的にはなんら近づいていません。長さを半分にした線はもとの長さの線よりも点に近い、ということが数学的には言えないからです。点と線は、もともと異質なのです。」
「ズルズルズル…」

今度はサクくんがお茶をすすっています。
「線を分割すると確かに短くなります。だから、あたかも点に近づいていくような錯覚に陥ります。この錯覚から、『点とは、線を無限に分割した極限図形である』という幾何学が生まれたのでしょう。そして、この錯覚から『線とは、点の無限集合である』という集合論が誕生したのでしょう」

　はたして、幾何学を集合論で説明することは、錯覚にもとづいた行動なのでしょうか？

「無限とは完結しないものである、が正しい無限の定義です。これより、無限の操作に終わりはありません。よって、無限の操作が終わった後に得られる図形などは存在しません」
　サクくんはおせんべいを1枚、手に取りました。
「これを聞いて、何か、思い当たることはありませんか？」
　今度は、急にサクくんの目が見開きました。
「あ！　フラクタル図形！」
　そのとき力が入りすぎて、おせんべいが手の中で粉々に砕け散りました。

　サクくんの叫び声と割れる音に反応して、ラッセル老人の指がピクンと動きました。
「しー。おじいちゃんが起きちゃうわ」

「ごめん」
「もう、起きちょるよ」
　ラッセル老人は上体を起こし、壁にもたれるようにしてベッドの上に座りました。
「いやー、よく寝た」
「なに言っているの。横になっていたのは５分間くらいよ」
「そうか」
「今、フラクタルの話をしていたの」
「なに、フラクタルか！　わしの得意分野じゃ」
　ラッセル老人は、再び話の輪に入りました。そして、自分が中心となってその場を仕切ろうとします。

◆　フラクタル図形

「図形全体と図形の部分が自己相似になっているものをフラクタル図形というのじゃ」
　サクくんはフラクタル図形の定義を、いつも疑問に思っていました。
「これがフラクタル図形の定義？」
「違う。これは特徴に過ぎん。フラクタル図形を数学的に厳密に定義するのは非常に難しいのじゃ」
　すべてのお嬢様が口をはさみます。
「どうして、難しいの？」

サクくんはさらに突っ込みます。
「定義できないから難しいのさ」
「バカをいうな。厳密な定義は可能じゃ」
「さっきは難しいといったのに、今度は、厳密な定義ができるというの？　だったら、してみてくれる？」
「よし」
　ラッセル老人は得意顔で答えました。
「フラクタル図形とは、ハウスドルフ次元が位相次元を厳密に上回るような集合じゃ」
「？？？」

　サクくんの頭からはてなマークが大量に飛び散りました。「厳密に」という言葉が入っているから、厳密に定義されたことになるのでしょうか？

「わかるかな？　フラクタル図形は集合である。例としては、コッホ曲線、カントール集合などがある」
　ラッセル老人はさらに説明を続けます。
「フラクタル図形を描く方法は次の手順で行なうのじゃ」

（0）原型を決める。
（1）フラクタル操作を行なう。この第1回目のフラクタル操作で得られる図形を1回フラクタル図形と呼ぶ。
（2）さらに同じフラクタル操作を行なう。この第2回目

のフラクタル操作で得られる図形を2回フラクタル図形と呼ぶ。
（3）以下同様
（4）最終的にフラクタル操作を無限回行なうと、∞回フラクタル図形が得られる。これが、求められているフラクタル図形である。

　上記の手順には、どうもラッセル老人の作った造語が含まれているようです。でも、この手順自体はとてもよく理解できます。

「ところで、このようなフラクタル図形は見たことがないかな？」
　そういって、次のような図形をノートに描きました。

◆ 昔ながらのフラクタル

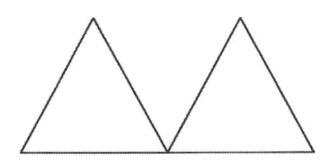

原型

1回フラクタル図形

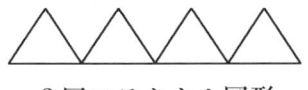

2回フラクタル図形

3回フラクタル図形

「これは、まず正3角形の頂点を、下の辺の中央に移動さる。つまり、上半分を下に折り曲げる。でき上がった正3角形に対して、これを何回も繰り返す図形じゃ。これは、私が子どものころからあった面白い図形じゃ」

ラッセル老人は、昔の子供時代の記憶を楽しんでいるようです。すべてのお嬢様は、微笑んで話しているラッセル老人を優しく見つめています。

「1回折り曲げると1回フラクタル図形になるのじゃ」
「同じようにもう1回折り曲げると2回フラクタル図形になるのね。じゃあ、これを何回繰り返すの？」
「そうじゃな、これが肝心じゃ。これをn回繰り返してみよう。そうすると、どうなるのかの〜？」
「のこぎりの歯のようなぎざぎざが次第に増えてくるね」
「n回繰り返すと、のこぎりの歯の数は2^nになるわ」
「では、無限回繰り返したらどうなる？」
「歯の数は無限大になって、肉眼的には、のこぎりの歯の部分と下の辺が一致するよ」
「そうじゃ」
「無限先で一致すると考えても良いの？」
「そうじゃ」

ラッセル老人の言っていることは、また少しおかしくなってきました。無限先のことなど話していいものか、サクくんは不安です。

「では、この正3角形の1辺の長さを1としよう。のこぎりの歯の部分の長さはnに関係なく常に2じゃ。これはわかるかな？」
「うん」
「それに対して、下の辺の長さは常に1じゃ。両者が無限先で一致するならば、無限先で2＝1にならないかな？」
　サクくんは、とうとう無限先の話になったなと思いました。

「有限の世界ではいつも2≠1です。それが無限の世界に突入すると、いきなり2＝1になるの？」
　すべてのお嬢様は聞きました。
「そうじゃ、いきなり変化するんじゃ。この変化はどこから出てきたのかな？」
「操作を無限回行なったからではないのでしょうか？」
　お嬢様は、無限回行なった後の世界を、ある程度、見通すことができるようになりました。
「有限回だったら、常にのこぎりの歯の全長は2ね。でも、無限回だと、のこぎりの歯の全長が1に変化するのね」

　有限回から無限回に移行するとき、どうも、2から1にジャンプするみたいです。

「無限回行なったとき、のこぎりの歯がもとののこぎりの

第3幕　存在しない極限図形　193

歯とは限らないのじゃ」

「俺もそう思う。のこぎりの歯が無限先で正3角形の下の辺に一致するということがどうも納得できない。そもそも、無限回行なったら、歯はどんな形になっているのだろうか？」

「確かに、ぎざぎざが線分のように平たくなるという保証はないわ」

　すべてのお嬢様はしばらく考えてから、言いました。

「そもそも、無限回行なうことは不可能よ」

「どうしてじゃ？」

「だって、操作を無限に行なうということは、無限に行ない続けることよ。だから、**無限回行なったら**という仮定は、**無限が完結したら**という仮定と同じであり、**偽の命題**を仮定しているのじゃない？」

「なるほど、偽の命題からは何でも言えるから、操作を無限回行なったら『のこぎりの歯はぎざぎざのままである』も真だし、『のこぎりの歯は平たくなる』も真じゃ」

「また、『フラクタル操作を無限回行なったら、のこぎりの歯は消えてなくなる』も真になるのさ」

「結局、無限回の操作を終えた時点では、のこぎりの歯はどのような状態になっていてもかまわないのよ。つまり、のこぎりの歯の全長は、2でもよいし、1でもよいし、0でもいいんだ」

　みんなは納得しました。

「なるほど、この場合、n→∞にした極限図形としてのフラクタル図形は確かに存在しないけれども、n回のフラクタル操作を行なったn回フラクタル図形は認めてもいいのじゃない？」
「むろんじゃ」
　ラッセル老人は胸を張って言いました。
「コホン」
　張りすぎて、咳が1つ出ました。
「しかし、無限回のフラクタル操作を行い終わった∞回フラクタル図形は認められないのじゃ」
　老人は、咳をもう1つしました。そして、次のように紙に書いてまとめました。すべてのお嬢様は、ラッセル老人の背中をさすっています。

　n回フラクタル図形は存在する。
　しかし、∞回フラクタル図形は存在しない。

　フラクタルで一番問題になっているのは、**完全なフラクタル図形を描くことができない**ということです。その理由が、どうもここにありそうです。

　マユ先生は言いました。
「フラクタル図形は、形を持たない図形なのよ。すなわち、フラクタル図形は図形じゃないのよ」

「完全なフラクタル図形を描くことをあきらめなければならないのか…」

曲がった空間を描くことをあきらめたサクくんは、またしても描くことができない図形に直面しています。

「そのうち、フラクタル図形を描ける花火を作ろうと思っていたのに…」

サクくんは、本当に残念そうです。

◆ コッホ曲線

「では、その辺をもう少し詳しく見ていこう。コッホ曲線はフラクタル図形の1つじゃ」

老人は、またしてもコッホと咳を1つしました。

「まず、線分から始めるのじゃ。線分を3等分し、中央の線分を1辺とする正3角形を描き、下の辺を消すのじゃ。でき上がった線分に対して、それぞれ同じ操作を繰り返すのじゃ」

そして、次のような図形を書きました。

原型

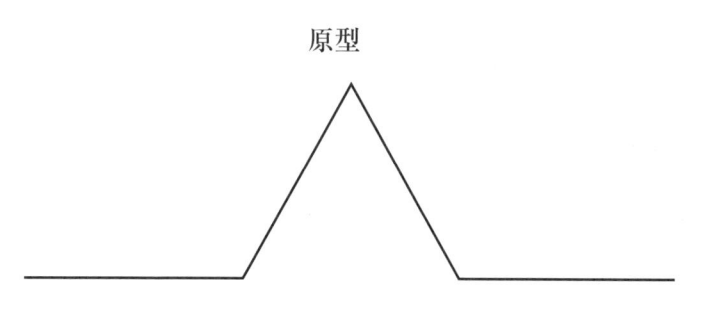

1回フラクタル図形

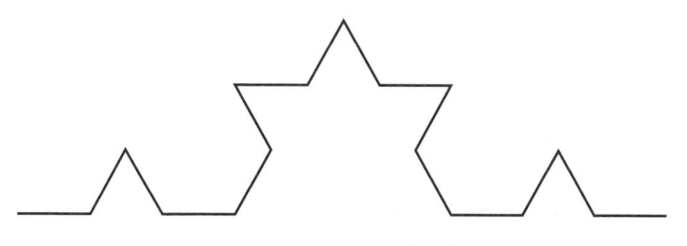

2回フラクタル図形

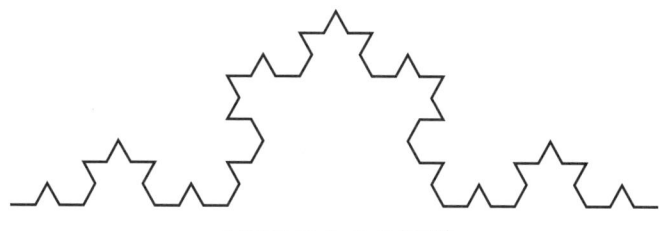

3回フラクタル図形

第3幕　存在しない極限図形

サクくんは提案しました。
「ここでわかりやすいように、フラクタル図形に記号をつけたらいいんじゃないかな？」
「そうじゃの～。どんな記号がいいかのう？」
　サクくんは左に記号を書き、右にその名前を書きました。さらに説明も書きました。

　F（0）：原型となる図形
　F（1）：1回フラクタル図形
　　　　　F（0）に第1回目のフラクタル操作を行なった図形
　F（2）：2回フラクタル図形
　　　　　F（1）に第2回目のフラクタル操作を行なった図形
　　⋮
　F（n）：n回フラクタル図形
　　　　　F（n－1）に第n回目のフラクタル操作を行なった図形
　　⋮

「ならば、肉眼的にこの図形がある図形に収束すると思われるとき、その収束先としての図形は次のように書けるじゃろう」

$$\lim_{n \to \infty} F(n) = F(\infty)$$

　ラッセル老人が微分積分学の記号を転用していることに、サクくんは不安を隠せません。
「本当に収束するの？　微分積分学における収束という概念を、図形に対して拡張しただけじゃないの？　図形の収束は、どうやって定義できるの？」
「それが難しいのじゃ。だから、フラクタル図形を描けないのじゃ。操作を無限に繰り返して得られるコッホ曲線の頂点は無限個あり、その長さは無限大である。この完全なものは作図することができない。ただし、その近似形であればいくらでも作図できるのじゃ」
「πを表す無限小数を完全に作ることができないけれども、いくらでも有限小数で近似値を作ることができるのと同じさ」
「人の話を邪魔するでない」
　話題を変えられたラッセル老人は少し機嫌が悪くなりました。そして、サクくんを横目でチラッと眺めながら、言いました。
「とにかく、同じ操作を無限に繰り返すと、コッホ曲線になるんじゃ」
　また同じことを繰り返すラッセル老人に、すべてのお嬢様も繰り返して聞きました。
「無限にって、いつまで？」

「そうじゃの〜」

サクくんは口を出しました。

「**無限に繰り返すとは、可能無限に繰り返すと、実無限に繰り返すの２つがあるのさ**」

「無限に繰り返す」の可能無限的解釈：
　無限に繰り返し続ける。無限は終わらないから、ある１つの図形にはなり得ない。コッホ曲線などは存在しない。

「無限に繰り返す」の実無限的解釈：
　無限に繰り返すと、ある１つの図形に収束すると考える。その図形は、フラクタル操作を無限回行なった図形である。完結しない無限を完結したと考えた**架空の図形**であるため、その図形は形を持たない図形である。当然、作図もできないので、コッホ曲線は存在するけれども描画不可能である。

　自分が説明しようとしたことを先に説明されたラッセル老人は、さらに不機嫌になりました。

　ところで、円に内接する正ｎ角形の場合、ｎを無限に大きくすればするほど肉眼的には円に近づきます。しかし、円と多角形はもともと異質なものですから、本質的には多角形は円にはまったく近づいていません。では無限が終わ

ったとする正∞角形をどう扱うかという問題に関しては、「円でも正方形で点でも球体でも何でもよい」ということになります。たまたま、肉眼的に近づいているように見える円を都合よく当てているだけにすぎません。

「有限回コッホ曲線は明らかに存在するのじゃ」
「有限回コッホ曲線とは、n回フラクタル図形のことでしょう？」
「そうじゃ。しかし、無限回コッホ曲線は存在しない。なぜならば、形がないからじゃ。普通、コッホ曲線と呼んでいるのはこの無限回コッホ曲線のことだから、次なる結論が得られるのじゃ」

コッホ曲線は存在しない。

「じゃあ、コッホ曲線の頂点は無限個あり、その長さは無限大であるという特徴はどうなるの？」
「むだな議論じゃ」

◆ カントール集合

「では次に、カントール集合について説明しよう」
「カントール集合って何かしら？」

「線分を3等分し、得られた3つの線分の真ん中のものを取り除くという操作を、無限に繰り返すことで作られる図形じゃ」

ラッセル老人は、鉛筆でサラサラと線を描きました。

原型

1回フラクタル図形

2回フラクタル図形

3回フラクタル図形

サクくんはしゃしゃり出ます。
「じゃあ、次のように置いてみよう」
ラッセル老人は、むむむと思いました。

F（0）：線分
F（1）：F（0）を3等分して、中央の線分を取り除く。
F（2）：F（1）のそれぞれの線分を3等分して、中央の線分を取り除く。
　⋮
F（n）：F（n−1）のそれぞれの線分を3等分して、中央の線分を取り除く。
　⋮

「上記の作業においてn→∞とした極限図形がカントール集合であるとされているのさ。そして、無限に繰り返されると、最後は飛び飛びの点の集合になるのさ」
「では、線分が点に収束するのかしら？」
「実無限ではそうさ」

ここでも、図形に集合論が使われています。

「F（n）という『線分の集合』が、やがてはF（∞）という『点の集合』になるのね。だから、カントール集合という名前がついているのね？」

「しかし、この取り除くという作業は完結することがあり得ないから、線分からカントール集合を帰納的に作ることはできないのじゃ」
「そのとおり。n→∞とした極限図形としてのカントール集合は構成不可能さ」
　サクくんは、ラッセル老人のノートに次のように書きました。

**　フラクタル操作によってカントール集合を得ることは不可能である。**

「そうじゃ。フラクタル図形としてのカントール集合を認めるということは、線分を無限に分割すると点になるということを認めることじゃ」
　ラッセル老人とサクくんは、目と目を見つめ合って、にっこりとうなずき合いました。
「でも、飛び飛びの点の存在は考えられるわね」
「もちろん、それには反対しないさ。しかし、その飛び飛びの点の集合が、フラクタル操作では決して得られないということに気づくことが大事なのさ」

「フラクタル操作によるカントール集合が存在しなければ、シェルピンスキーのギャスケットも存在しないの？」
「そうじゃ。ズルズル…」

老人はお茶をすすりながら言いました。
「カントール集合もシェルピンスキーのギャスケットも存在しないのじゃ」
　どうやら、フラクタルの学問が一変しそうな勢いです。

「いやあ、フラクタルの本質がよくわかったよ」
「わしの意見が参考になったか？」
「とっても参考になったさ。マユ先生の話もね。これでスランプから脱出できそうさ」
「よかったね〜」
「じゃあ、そろそろ行くね」
「もう行っちゃうのか？」
「さみしいわ」
「でも、準備に時間がかかるからね」
「気をつけてね」
「試作花火を楽しみにしておるぞ」
「うん。おじいちゃんの部屋からも、たぶん良く見えると思うよ」
「行ってきます」

　マユ先生とサクくんはリビングに戻ろうとして、ドアのところまで行きました。振り返ると、そこには手を振っているすべてのお嬢様のそばで、安心しきった顔でぐっすりと眠っているラッセル老人がいました。

第4幕

地球からのお客さん

◆ 矛盾

　リビングには、みんなそろっていました。ヒデ先生とミーたんとコウちんです。ミーたんはジュースやコーヒーの準備をしています。コウちんは、サクくんの買ってきたフルーツを使ってフルーツ盛りを作っていますが、形がどうもイメージ通りにいかないようです。
「どうも、想像したとおりに盛りつけられないな〜」
「ちゃんと形を想像しているの？」
「しているよ〜」
「どんな形？」
「超立方体〜」
「なに、それ？」
「知らないの？　4次元の立方体だよ〜」
「あ、そう。がんばってね」
「なかなかうまくかないなあ〜」

「やあ、コウちんにミーたん」
「あら、サクくんじゃないの」
「みんな元気？」
「元気だ〜」
　大きな声でコウちんは叫びました。久しぶりのサクくんにうれしそうです。
「遊んでよう〜」

「今は忙しいからあとでね」

　ヒデ先生は長いこと、薄暗い地下室で数学の研究をコツコツとしてきました。ようやく明るい場所で研究をすることができるようになって、今ではとても喜んでいます。しかし、悩みは尽きません。それは、数学を志す若者が少ないことです。何とか新しい数学を確立して、興味を持たせようとしていますが、なかなか成果が上がりません。

　サクくんが卒業したあと、数学の生徒はとうとうミーたんとコウちんの２人だけになってしまいました。あまりにも生徒が少ないので、これを機に、マユ先生がもっと時間をかけて指導できるようにしたいと申し出て、今では２人はヒデ先生宅に居候しています。

　コウちんはブドウを１つほおばりました。
「ノワツキ学校のほうがおいしいね」
「そりゃそうだ。新鮮だからね」
「そんなことを言ってはいけません。せっかく買ってきてくれたサクくんに失礼でしょう」
「いや、いいんだよ。本当のことだから…　今度は学校の果樹園から取ってきてあげる。卒業生は自由に出入りできるからね」
「サクくん、それがだめなのよ」

「なんで？」
「ノブ校長になってから、校則がだいぶ変わったの。果樹園には、学校の職員か在校生しか入れないのよ」
「え？　卒業生はだめなの？」
「代わりに、僕たちが取ってきてあげるよ〜」
　サクくんとコウちんは笑い合いました。
「でも、闇の湖は入れるだろう？　あそこは花火の打ち上げには絶好の場所なんだ」
「大丈夫だ。私が申請書を出して、許可をもらってあるからな」
　ヒデ先生は頼もしいことを言ってくれました。

「ねえ、一緒にジュース飲もうよ〜」
「そうよ、ちょっとでもいいから、休んでいって」
「またにするよ。早めに行って準備しなければならないんだ」
「つまんないの〜」
「ごめんね」
　サクくんはみんなと一緒に時間を過ごしたかったけれど、先に闇の湖へと出かけなければなりません。
「じゃあ、バイバイ」
「ばいば〜い」
　サクくんを乗せた空中自動車は、スーッと遠ざかって行きました。

みんなは席に着きました。
「サクくんは、どんな話をしていたんだ？」
「また、数学の話ですよ。相変わらず、無限と矛盾について勉強しているようだわ。あなたの影響が大きいわ」
「うれしいことだが、無限も矛盾も非常に危険なものだ。へたに手を出すと、その魅力にはまり込んで人生を棒に振ってしまうこともあるぞ」
「あなたから言ってやってくださいな」
　しかし、はまり込んでいたのはサクくんだけではありませんでした。

「矛盾の定義はQ∧¬Qよね」
　ミーたんはヒデ先生に聞きました。
「Qってな〜に？」
　今度は、コウちんがミーたんに聞きました。
「Qは数学の対象物だ。命題であることも命題でないこともある。**矛盾している**とは、**Q∧¬Qが存在する**ことだ。**矛盾が証明される**とは**Qと¬Qが同時に導き出される**ことだ」
「ということは、矛盾とはQと¬Qが同時に真であることをいうのであって、Qと¬Qが同時に証明されることではないのね〜？」
「そうだ。矛盾が存在することと矛盾が証明されることは同じではない」

私たちは、言葉を正確に使わなければなりません。
「数学理論に矛盾が存在している」とは、その数学理論の中に$Q \wedge \neg Q$（これは本来は偽の命題）が真として存在していることです。
　一方、「数学理論から矛盾が証明される」とは、その数学理論の仮定からQが証明されて、おまけに、$\neg Q$も証明されるということです。
　また、「数学理論の矛盾が証明される」という表現は、理論の外でその理論の矛盾が証明される場合と、理論の内部から矛盾が証明されて出てくる場合の2つを含んでいます。

◆ 真の命題

「真の命題同士は矛盾することがない」
「どうして？」
「真の命題からは偽の命題は証明されないからだ」
「よくわからない〜」
　ヒデ先生は、コウちんに向かって説明し始めました。
「では、XとYを真の命題としよう。このとき、$X \wedge Y$は真の命題になる。これはわかるかな？」
「わかるよ〜」
「$X \wedge Y$が真の命題であることは、XとYが両立していることだ。つまり、矛盾がないのさ」

「え〜？」
「真の命題はいくつ組み合わせても、真の命題だ」
「あなた、わからないみたいだから、もっと具体的に教えてあげてください」
「いいよ。では、背理法を使ってみよう。真の命題Xから命題Qが証明されて出てきたとする。さらに、真の命題Yから命題¬Qが証明されて出てきたとする」
「うん」

（1）真の命題Xから命題Qが証明されて出てきた。
（2）真の命題Yから命題¬Qが証明されて出てきた。

「命題Qは、真の命題であるか偽の命題であるか、どちらかである」
「うん」
「命題Qが真の命題であれば、命題¬Qは偽の命題である」
「もちろん、そうだよ〜」
「すると、おかしなことが起こる」
「わかった、（2）がおかしいのだね」
「そのとおり。真の命題Yから偽の命題¬Qが証明されて出てきたことになるんだ」
「真の命題からは偽の命題は証明されない、という真理に違反するのだね〜」
「そうだ、だから、次なることがいえるのだ」

真の命題同士は、決して矛盾することがない。

「命題同士が矛盾するということは、Qと¬Qみたいに真の命題と偽の命題の関係を指しているのだ。これより、次なることもいえる」

真の命題だけを仮定として設定した数学理論からは、矛盾が証明されて出てくることはない。

「だから、真の命題だけを仮定に選んで数学理論を構築すれば安心だ。これほど、心強い数学理論はない。そして、それら数学理論のうち、公理だけを選んで仮定に置けば、立派な公理系ができ上がる」
「そして、この公理系からは絶対に矛盾が証明されて出てくることがないのね」
「公理系から矛盾が証明されて出てくることがないとわかって、やっと、枕を高くして寝られるようになったよ〜」
「よかったね、コウちん」
　ミーたんは、コウちんの肩を優しく抱きました。コウちんは、口を下に凸の半円の形にして喜んでいます。

◆ 矛盾の証明

「数学理論Zに矛盾が存在しない」と「数学理論Zが無矛盾である」は同じです。また、「数学理論Zに矛盾が存在する」と「数学理論Zが矛盾している」も同じです。

「矛盾が証明されないならば、その理論はたぶん無矛盾な理論であろうとして、いろいろなところで応用されることがある。たとえ、その中に矛盾が隠されていようともだ」
「たとえば？」
　ミーたんはメロンに手を伸ばしながら、具体例を求めました。
「たとえば、公理的集合論である。公理的集合論の内部から矛盾が証明されないから、数学の基礎的な理論として確固たる地位を保持している」
　ミーたんもコウちんも、ある程度、公理的集合論の矛盾を把握しています。
「また、非ユークリッド幾何学もそうよ。非ユークリッド幾何学の内部から矛盾が証明されないから、それが一般相対性理論に応用されているわ」
　このマユ先生の発言を聞いて、子供たちはびっくりしました。2人はこそこそ話しています。
「まさか、アインシュタインの一般相対性理論が矛盾しているの？」

「アンビリバボー」
　子供たちのひそひそ話は、ヒデ先生には届きません。

「矛盾している理論内に存在する矛盾を証明する立場は２つある」

（１）理論の中から、その理論の矛盾を証明する。
（２）理論の外から、その理論の矛盾を証明する。

「（１）は狭い世界で行なう証明であり、自己矛盾している理論内で行なう矛盾の証明だ」
　マユ先生は疑問を投げかけました。
「そもそも、自己矛盾している理論内で行なわれた証明にどれほどの信頼性があるのですか？」
「どういうことだ？」
「矛盾を導き出した証明そのものが、矛盾した理論で行なわれたのでしょう？　矛盾した理論を用いて行なわれた証明が、本当に正しい証明といえるかどうかです」
「確かに、そのとおりだ。ある理論から矛盾が出てきた場合、その理論が矛盾していれば、矛盾が出てきたこと自体がすでに信用できない」
「でしょ、でしょ？」
「しかし、これはある程度信用してもよい。なぜならば、その理論が無矛盾であれば、絶対にそのようなことが起こ

らないからだ」

「それだけをよりどころにしているのね」

「そうだ。また、原則として矛盾している理論からはどんなことでも証明されるから、自分の内部から証明されて出てきた矛盾が矛盾ではないことまで証明されてしまうこともある。したがって、矛盾している理論内で、その理論に矛盾が存在するかどうかを議論しても無駄だ。その理論から一歩外に出て、広い視野に立ってその理論を判断しなければならない」

「そのためには、（2）のようにより広い視野に立った証明が必要なのね」

　マユ先生はうなずいています。

「ある理論が矛盾しているかどうかの判断を、『理論内部から矛盾が証明されて出てくるかどうか』だけで行なうと危険なのね。よくわかったわ。では、逆に、矛盾が証明されないときは、どうしたらいいの？」

「矛盾が証明されない場合、その原因としていくつかのケースがある」

　ヒデ先生は、そのいくつかの原因を書きました。

（1）矛盾が存在しないから。
（2）矛盾を導き出す証明が存在しないから。
（3）矛盾を証明する力が不足しているから。
（4）矛盾が証明されないように工夫されているから。

「『矛盾が存在しないこと』と『矛盾が証明されないこと』は同じではない。矛盾している理論の矛盾が必ず証明できるという保証はないからだ」
「矛盾しているけれども、その矛盾が証明できない理論の存在を問題にしているのね」
「そうだ。それは、闇の数学講座である程度わかっていたが、ここに来て、さらに謎が解明されつつあるのだ」

どうやら、おんぼろ我が家が新しいアイデアを授けたようです。

「矛盾しているけれども矛盾が証明できない公理的集合論の矛盾と、矛盾しているけれども矛盾が証明できない非ユークリッド幾何学の矛盾は、まったく異なっているタイプの矛盾だ」

また、非ユークリッド幾何学が出てきました。子供たちは、マユ先生とヒデ先生が非ユークリッド幾何学の秘密を何か探り当てたのではないかと思いました。

「どのように異なっているの？」
　子供たちは目を輝かせながら、聞き入っています。
「公理的集合論は、矛盾を回避するための公理を寄せ集めて作られた。だから、今のところ矛盾が証明されないだけ

だ。つまり、一時的に矛盾を抑え込んでいるだけだ。これは、(4)に該当する」
「へー」
「それに対して、非ユークリッド幾何学は、平行線公理を否定している。公理系の公理を1個否定した数学理論からは、矛盾を導き出す証明がそもそも存在しない。これは(2)に該当する」

　公理系の公理を1個だけ否定した新しい数学理論が、なんと矛盾が証明されない数学理論であるとは…　これは、子供たちにはとても新鮮に映りました。

◆ 無矛盾性の証明

　今度は、マユ先生が説明を始めました。
「数学理論は、矛盾している場合と無矛盾な場合があります」

- 数学理論Zは無矛盾である。
- 数学理論Zは矛盾している。

「一方、数学理論が無矛盾であることを証明する立場は2つあります」

- 数学理論の中で、その理論の無矛盾性を証明する。
- 数学理論の外から、その理論の無矛盾性を証明する。

「すると、組み合わせは2×2＝4で、4通りだね」
「そう、4通りをすべて思考しなければならないのよ」
「面倒くさいよ〜」
「思考漏れをなくすためには、絶対にしなければならないのよ」

　面倒くさがり屋のコウちんは、仕方なく1つ1つ丁寧に書いていきました。

（1）無矛盾な数学理論の中で、その理論の無矛盾性を証明する。
（2）無矛盾な数学理論の外から、その理論の無矛盾性を証明する。
（3）矛盾した数学理論の中で、その理論の無矛盾性を証明する。
（4）矛盾した数学理論の外から、その理論の無矛盾性を証明する。

「ここで問題になるのは、やはり、理論の中で行なう無矛盾性の証明よ。まずは、（3）に関して考えてみましょう」
「矛盾した数学理論は無矛盾ではないから、その理論の無矛盾を証明することはできないよ〜」

「いいえ、それは先入観よ。矛盾した理論からはどんな突拍子もないことでも証明されることを思い出してごらんなさい」

「突拍子もないことって？　もしかしたら、矛盾した理論からは、自分自身が無矛盾であることを証明できるかもしれない…　ということ？」

「大変、良い着眼点です。だから、ある理論が『自分自身は無矛盾である』という結論を出した場合、その理論は矛盾している可能性があります」

「へ〜。でも、無矛盾の可能性もあるのでしょう？」

「そうです。両方の可能性があり得ます」

「『私の言っていることは正しい』と主張している人が正直者か嘘つきかは、本人の自己申告だけでは判断できないということね」

「（１）についてはどうなの？」

「それは、後で教えるわね」

「ところで、理論の外ってどこなの？」

「数学自体よ。数学理論は、数学の中に存在するのよ」

ヒデ先生も言いました。

「そうだ。数学の中には、無数の命題と無数の数学理論が存在している」

「数学内には、無数の非命題も存在しているわ。最近の数学は矛盾を恐れてどんどん萎縮しているの。その代表が公

理的集合論よ。昔はもっと集合が自由だったの。『ものの集まり』という素朴な用語で矛盾のない集合論が展開されていたわ」
「でも、『ものの集まり』という素朴な定義からパラドックスが出てきたのでしょう？」
「違うわ。カントール以降の人たちは勘違いしていたの。本当は、ものの集まりという『素朴な定義』からパラドックスが出てきたのではないのよ。彼が導入した『実無限』からパラドックスが発生したのよ」
「ものの集まりは、関係なかったの〜？」
「まったく関係ないわ。でも、最近の集合論はパラドックスを追い出すために、集合の定義をどんどん制限しているの。それに伴って、対象を自由に設定できた大きな素朴集合論が、扱う対象がきわめて小さい公理的集合論に萎縮したよ」
「へえ、公理的集合論って不自由なんだね〜。もっと、数学は自由でなくちゃ〜」
「そうよ。数学にある程度のあいまいさはつきものよ。そうしないと、数学はのびのびと論理展開ができないわ」
　コウちんは、自由になった素朴集合論が翼を大きく広げて、大空を羽ばたいている光景を連想しました。
「素朴集合論の再来か…」
　白昼夢に酔いしれているコウちんにヒデ先生は言いました。

「数学は任意の命題を含むけれども、無矛盾な数学理論が含む命題は、その数学理論に所属する命題のみだ。でも、矛盾した数学理論が含む命題は境界が不鮮明だから、どこからどこまで含むかは決まらない」

　ぴんぽ〜ん

「あら、お客さんね」
　マユ先生は、玄関に行きました。
「こんな時間に誰だろう」

◆　遠くからのお客さん

「あらー」
「きゃー」
「久しぶり〜」
「元気？」
「元気よー」
　なにやら玄関で、キャーキャー騒いでいます。どたどた飛び跳ねている音もします。やがて、マユ先生と抱き合って1人の年配の女性が入ってきました。

「みなさ〜ん。紹介します」

みんなはその女性を見ました。
「こちらはミッちゃんです」
「ミッちゃんです。よろしくお願いします」
「昔の知り合いなの。もう７年ぶりよ」
「あなた、ちっとも変わっていないわね〜」
「あなたもよ」
　マユ先生は本当にうれしそうです。
「あら、かわいい子供が２人もいるわ」
「ミーたんとコウちんよ。挨拶しなさい」
　２人のキャーキャーぶりに圧倒されていた子供たちは、丁寧に挨拶をしました。
「ミーたんとは前に会ったことあるわね。だいぶ、大きくなったわね。でも、そっちの坊やはまだ見たことがないわ」
「僕もだ〜。まだ、ミッちゃんを見たことないよ〜」
「この子は最近、ノワツキ学校に転校してきたの。今ね、この子たちの面倒を見ているの。あそこにいるのが私の夫よ」
「ヒデ先生です。よろしくお願いします」
「こちらこそ。へ〜、あなた結婚していたの？　知らなかった。でも、本当に良かった。おめでとう」
「ありがとう。今日はゆっくりしていってね。お茶を入れるわ」
「かまわないでちょうだい」
　ミッちゃんはコウちんの隣の席に座りました。コウちん

は、初めて来たお客さんをじろじろ見ています。
「はい、これ」
　ミッちゃんはお土産を持って来ていました。きれいな指輪とネックレスはマユ先生に、かわいいキーホルダーはミーたんとコウちんにでした。
「ごめんなさいね。何人いるかわからなかったもので…」
　ヒデ先生には、お土産はありませんでした。でも、ヒデ先生はあまりそのことを気にしていません。
「でも、よくここがわかったわね」
「宇宙インターネットであなたの名前を入力したら、ノワツキ学校のホームページにジャンプしたの。住所もすぐにわかったわ」
　マユ先生は感心しながら、お茶を入れています。
「今までどこに行っていたの？」
「地球よ」
「地球？　あんな遠いところ？」
「そうよ。でも、あなたのことを忘れた日は１日もないわ」
「私だって…」
　マユ先生は涙ぐみました。

「僕も地球に行きたいな〜」
「遠くてだめよ」
「だって、ミッちゃんだって行ってきたじゃない〜」
　大人になれなれしい口をきくコウちんでした。

「ミッちゃんはお金をためて行ってきたのよ」
「僕もためるよ〜」
「家が1軒買えるくらいのお金が必要よ」
　マユ先生は、あきらめさせようとしています。
「うちは雨漏りしても、それを修理するお金もないのよ。庶民には手が届かないわ」
「私だって庶民よ」
　ミッちゃんとマユ先生は、庶民同士でお互いに笑い合いました。

「でもえらいわ」
「そんなことないのよ。私はあまり旅行をしたことがないから、遠くに出かけるのが夢だったの。そのため、一生懸命に朝から晩まで働いたわ。でも、あんな遠くまで出かけるなんて、自分でも思わなかったのよ」
「突然、音信不通になったので、私はこの7年間、ずっと寂しかったのよ」
「ごめんなさいね。そのかわり、今までできなかったことや、やりたかったことを、地球では思うぞんぶんやってきたわ」
「じゅうぶんに羽をのばせた？」
「のばせたわ。ところで、あなた」
「な〜に？」
「今、自分のやりたいことをしているの？」

マユ先生は、暗い表情になりました。
「していないわ。時間がないのよ…」
「いろいろと手伝ってあげたい気持ちはあるのだけれど、遠くにいるからなかなか手伝えないの。ごめんなさいね」
　ミッちゃんは申し訳ない気持ちになって、涙を流しました。本ばかり書いてマユ先生を手伝わないヒデ先生は、恐縮しています。

「ねえ、地球の話をしてよ〜」
　涙をふきながら、ミッちゃんは明るい返事をしました。
「いいわ、地球はとても美しい星よ。でも、今はその環境がどんどん悪くなっているの。犯罪も減らないし、戦争もなくならないのよ」
「戦争なんてまだあるの？　ガワナメ星では、もう千年も前から戦争は起きていないわ」
「うらやましいわ〜」

◆　同値

「君たちは、地球という星を知っているかな？」
「知ってるよ〜。天文学で習ったよ。宇宙のかなたに存在する惑星だ〜」
「その地球では、矛盾している数学理論が次のように定義

されているんだ」
　ヒデ先生はさらさらと紙ナプキンに書きました。それを見たマユ先生は、怪訝そうな顔をしています。
「あなた、今その話を続けることないじゃないの。せっかく、昔の友人が訪ねてきたのだから…」
「ごめん、ごめん」
「気にしないで、私はいいわ。数学は地球でも大人気よ。今、どんどん改革が進められていて、むしろ人手が足りないくらいなんだって。3年前の数学とはぜんぜん違うわ。私も旅行のついでに教えてもらったことがあるので、少しはわかるわ。続けてちょうだい」
　ヒデ先生は、にっこり笑って続けました。でも、ヒデ先生の持っていた地球数学の本は、実は5年前に出版されたものでした。

【地球における定義】
　無矛盾な数学理論：矛盾を導き出す証明が存在しない理論
　矛盾した数学理論：矛盾を導き出す証明が存在する理論

「でも、『矛盾した数学理論』の定義は、本当は『矛盾を導き出す証明が存在する理論』のことではない」
「では、何なの？」
　ミッちゃんは積極的に聞いてきます。
「良識的に考えれば、答えは出てくるはずです。**矛盾して**

いる数学理論の定義は、矛盾の存在する数学理論です」
「当たり前じゃん」
　コウちんは即座に反応しました。今度は、ヒデ先生はメモ帳を取り出して、そこに書きました。

【良識的な定義】
　無矛盾な数学理論：矛盾の存在しない数学理論
　矛盾した数学理論：矛盾の存在する数学理論

　では、地球ではいったいいつから「矛盾している数学理論」の定義が「矛盾の存在する数学理論」から「矛盾を導き出す証明が存在する理論」に変わってしまったのでしょうか？　ガワナメ星では、そこまで詳しく地球数学を調べる資料が充分に備わっておりません。

「ミッちゃんは知っている？」
「ごめんなさいね。いつから定義が変わったかまでは知らないわ。でも、興味があるから先を聞かせてちょうだい」
「では、ここで、次のように置いてみよう」

　A：数学理論Zには矛盾が存在しない。
　B：数学理論Zの仮定はすべて真の命題である。

「仮定の中に偽の命題が混入している数学理論には、矛盾

が存在している。よって、次なる論理式は真だ」

　　¬B→¬A

「これより、この対偶のA→Bも真だ」

　ミーたんは気がつきました。
「ひょっとしたら、AとBは同値なの？」
「良いところに目をつけたね。本当は、AとBは同値だ。しかし、それを示すには、B→Aの証明もする必要がある。そして、そのためには、ある重大な約束事をしなければならない」
　このヒデ先生の言葉に、ミーたんとコウちんは生唾をゴクンと飲み込みました。
「その重大な約束事とは？」
「それは…」
　ヒデ先生は、もったいをつけてなかなか言いません。
「それは…」
「それはなんなの？」
　マユ先生は早く言えとばかりに催促しているような様子です。
「ズズズズ…」
　ミッちゃんはお茶を飲んでいます。
「数学理論の命題をきちんと定義することだ」

無矛盾な数学理論を定義することは、矛盾している数学理論を定義することでもあります。いずれにしても、数学理論の定義をするときには、その数学理論の扱う命題も一緒にきちんと定義しなければならないのは当然のことかもしれません。ここで、数学理論の命題をおさらいしてみましょう。

＜数学理論Ｚの命題の定義＞
　数学理論Ｚの命題とは、次の４種類である。

（１）数学理論Ｚの仮定
（２）数学理論Ｚの仮定の否定
（３）数学理論Ｚの仮定から証明される命題
（４）数学理論Ｚの仮定から証明される命題の否定

「この定義を置くと、どうしてＡとＢが同値になるの？」
　みんなはＢ→Ａの証明を待ち望んでいます。
「では、これからＢ→Ａを証明してみよう。数学理論Ｚの仮定がすべて真の命題であると仮定しよう。そして、この仮定をＢと置こう」

　Ｂ：数学理論Ｚの仮定はすべて真の命題である。

「すると、真の命題の否定は偽の命題だから、数学理論Ｚ

の仮定の否定はすべて偽の命題だ。真の命題から証明される命題はすべて真の命題だから、数学理論Ζの仮定から証明される命題もすべて真の命題だ。真の命題の否定は偽の命題だから、数学理論Ζの仮定から証明される命題の否定はすべて偽の命題だ。これらをまとめると、次のようになる」

＜数学理論Ζの命題＞
（１）数学理論Ζの仮定
　　　　　　　→すべて真の命題
（２）数学理論Ζの仮定の否定
　　　　　　　→すべて偽の命題
（３）数学理論Ζの仮定から証明される命題
　　　　　　　→すべて真の命題
（４）数学理論Ζの仮定から証明される命題の否定
　　　　　　　→すべて偽の命題

「ということは、数学理論Ζに所属する命題は、すべて真か偽のどちらかになるんだ。よって、真であって偽であるという対象物は、この数学理論Ζに存在しないことになる。つまり、次なる結論Ａが出てきたのだ」

　Ａ：数学理論Ζには矛盾が存在しない。

「仮定BからAが出てきたから、B→Aは真である」
「なるほど、数学理論の命題をはっきり定義することによって、B→Aの証明が得られるのね」
「以上より、A→Bも真であり、B→Aも真になるので、AとBは同値になる。これより、次なる重大な結論が出てくる」

「数学理論Zの仮定はすべて真の命題である」と「数学理論Zには矛盾が存在しない＝数学理論Zは無矛盾である」は同値である。

「だったら、次も真ね」
　ミッちゃんはつけ加えました。

「数学理論Zの仮定には偽の命題が含まれている」と「数学理論Zには矛盾が存在している＝数学理論Zは矛盾している」は同値である。

「それなら、いっそのこと、矛盾している数学理論の定義を、『仮定に偽の命題が存在する数学理論』にしたらどうかしら？」
　ミッちゃんの提案に対して、マユ先生も提案しました。
「そして、無矛盾な数学理論の定義を『仮定がすべて真の命題である数学理論』にしたらどう？」

この2人の提案を、ヒデ先生は却下しました。
「いや、その必要はない」
「どうして？」
「もともとの言葉を大切にしなければならないからだ。良識的に定義すればそれでじゅうぶんである」
「Aのままでいいということ？」
「そうだ。それをわざわざ証明されたA≡Bにもとづいて、Bを定義にすべきではない」
「そうかもよ。ヒデ先生の言うとおりだわ。無矛盾な数学理論は、矛盾が存在しない数学理論よ。これ以上でもないし、これ以下でもないわ」
　ミッちゃんは納得しました。マユ先生にも反論はないようです。
「じゃあ、矛盾している数学理論の定義は、矛盾が存在する数学理論以外のなにものでもないのね」

　実は、これらの結論はとても重大な結果をもたらします。というのは、数学理論が矛盾しているかどうかを調べることが、その数学理論の仮定の真偽を調べることに還元できるからです。

◆ 矛盾している数学理論

　でも、コウちんはいまいち納得していませんでした。
「この世の中には、常に正しい数学理論だけ存在しているとは限らないよ〜。矛盾している数学理論も存在するはずだよ〜」
「そりゃそうよ。たとえば？」
「たとえば、仮定Eと仮定¬Eを持つ数学理論は矛盾している〜」
「当たり前よ」
「また、仮定Eと仮定Fを持ち、EとFから矛盾が証明されれば、この理論も矛盾している〜。矛盾していることが証明されるならば、その理論は矛盾している。だから、次なる論理は真だ〜」

　　A：理論Zから矛盾が証明できるならば、理論Zは矛盾している。

「でも、この逆もまた真だよ〜。矛盾した理論からは何でも証明できるよ〜」
「その証明はあるの？」
「あるよ〜」

　コウちんはオレンジの皮をむきながら、証明をし始めま

した。
「矛盾した理論の内部に存在する矛盾をQ∧¬Qとするでしょう〜」
マユ先生は一言つけ加えました。
「Q∧¬Qは真だけれども、真の命題ではないわ」
「それはわかっている〜」
「ミッちゃんも食べて」
「食べているわよ」
ミッちゃんの手にはバナナがしっかりと握られています。
「あ、それ僕んだ〜」
コウちんは手に持っていたオレンジを放り出して、最後に残った1本のバナナを取り戻そうと必死です。
「コウちん、あんたはさっき2本も食べたでしょう」
「僕んだ〜」
「いけません。お客様にあげなさい」
「いやだ〜」
コウちんは上半身を振り回して、いやいやしています。みんなは困ってしまいました。
「バナナ、はいどうぞ」
ミッちゃんは笑いながら、バナナをコウちんにあげました。コウちんはそれをつかみ取ると、急いで口の中に入れました。そして、ふくらんだほっぺたの中央にある口をバナナが出ないほどの大きさに開けて、証明を続けます。
「一方、次の式はいつでもどこでも使うことが、もぐもぐ、

許される論理式だよ〜」

$(Q \land \neg Q) \to P$

「なぜどこでも通用するかというと、トートロジーだからだ〜。次の表を見てごらん〜」

P	Q	¬Q	Q∧¬Q	(Q∧¬Q)→P	I
1	1	0	0	1	1
1	0	1	0	1	1
0	1	0	0	1	1
0	0	1	0	1	1

「$(Q \land \neg Q) \to P \equiv I$だよ。トートロジーだと、任意の命題Pについて成立するんだ〜〜」

だ〜〜の後に、コウちんの口からバナナの一部が飛んで行きました。ミッちゃんは、それを丁寧にひろっています。
「だから？」
「真のQ∧¬Qと真の(Q∧¬Q)→Pの2つに前件肯定式が使えるので、任意の命題Pが真であることが証明されるのだ〜〜」

ミッちゃんは、また落ちたバナナをひろいました。
「偽の命題Q∧¬Qと真の命題(Q∧¬Q)→Pの2つに前件肯定式を使っているだけじゃないの？」

「そんなことはどうでもいい〜」
　コウちんは次第にいらいらしてきました。
「とにかく、任意のPが真であることが証明されるの〜。つまり、矛盾した数学理論からはどんな命題も証明されるということだよ〜」
「だから？」
「だから、矛盾も証明されるはずだよ〜」
「だから？」
「だから、次なる論理も真だよ〜」

　　Ｂ：理論Ｚが矛盾しているならば、理論Ｚから矛盾が証明される。

「ＡもＢも真だから、『理論Ｚが矛盾している』と『理論Ｚから矛盾が証明される』は同値だよ〜。これより、矛盾している数学理論の定義を、矛盾が証明される数学理論とすることができるよ〜」

　話を聞き終わったあと、ヒデ先生はコウちんに言いました。
「それは、地球の数学による定義と同じだ」
　ミーたんが反対意見を述べます。
「この定義はおかしいわ」
「何がおかしいの〜？」

「矛盾した理論からは何でも証明できるということは、矛盾した理論から矛盾が存在しないことまで証明できるということになります」
「え〜？」
「つまり、矛盾した理論は自分の内部に抱えている矛盾まで押さえ込むことまで可能なのよ。己の内部矛盾を利用して矛盾が矛盾でないことまで証明されてしまうのよ」

　中身を食べ終わったコウちんは、バナナの皮だけ手に持ったまま凍りついてしまいました。

「そうだ。矛盾している数学理論は無意味だ。その無意味な理論で行われた証明には信頼性がない」

　ヒデ先生はコウちんにそう言うなり、次のように書きました。

（1）矛盾している数学理論内で行なわれた矛盾の証明は信用できない。
（2）矛盾している数学理論内で行なわれた無矛盾の証明も信用できない。

「矛盾した理論内で行なわれた証明は、常に外から見直す必要があるのだね〜。は〜」

　しみじみとした気持ちでため息をついたコウちんは、なにごともなかったようにジュースを飲み始めました。

「ミッちゃん、お茶をもう1杯どう？」

「今度は、コーヒーをいただくわ」
　久しぶりの友人に会えて、コーヒーを入れてあげるのもうれしくてうれしくてたまらないマユ先生でした。

◆ 水掛け論

「矛盾した理論からは何でも証明できるということは、矛盾した理論には矛盾が存在しないことまで証明できるということになる…」
「これは驚きね。矛盾した理論の内部で行なわれる無矛盾性の証明だわ」
　マユ先生はコーヒーをミッちゃんに渡しながら、しきりと感心しています。
「でも、理論の内部に矛盾が存在しないことを証明するのではなく、『指摘された内部矛盾を、矛盾ではない状態に持っていくことを繰り返す』という形での無矛盾性の証明じゃないのかしら？」
「いずれにしても、矛盾した理論は自分の内部に抱えている矛盾まで押さえ込むことが可能なのだ。己の内部矛盾をうまく利用して、矛盾を回避するところがミソなのだ」

　ミーたんとコウちんも大変興味を持っています。そして、2人で次のような確認をしました。

「矛盾している理論の中では、『この理論には矛盾が存在しない』や『この理論からは矛盾が証明されない』も真になる、と考えていいのかしら？」

ミッちゃんも興味深く聞きました。

「じゃあ、いったん矛盾した理論の中に入ったら、いくら矛盾の存在を示しても、無駄なのね？」

「そういうことになります。なぜならば、矛盾している理論の中では、『矛盾が存在する』と『矛盾が存在しない』の両方の主張が正しくなるからです」

「その結果、どうなるの？」

「『この理論は矛盾している』『いや、この理論は矛盾していない』『この理論は間違っている。その証拠にパラドックスが出てくる』『いや、この理論は間違っていない。出てきたパラドックスは本当のパラドックスではない。見かけ上のパラドックスである。こうすれば、パラドックスは解消される』という水掛け論が始まります。なぜならば、この両者の言い分それぞれ真になることが、矛盾している理論の特徴なのですから…」

「なるほど〜。矛盾した理論内では、その理論を肯定する者も、その理論を否定する者も、お互いに正しいこと言っていることになるんだ〜」

「矛盾した理論というのは、このように（その矛盾に気がつかないうちは）恐ろしいほどの強大な論理力を持っている。**矛盾した理論、すなわち、なんでも証明できる理論と**

いうのは、**理論の中でも最強の理論**に違いない。矛盾した理論にかなう理論など、存在しないであろう」
「ということは、正しい理論も、ときには矛盾した理論に負けることがあるのね」
「そうだ。ミッちゃんの言うとおりだ。私が今、地球数学を研究しているのは、そこなんだ。地球では矛盾した理論が正しい理論を抑え込んで、それぞれ、数学と物理学の基礎的な理論となっている。どうしてそうなってしまったのかを明らかにして、同じ過ちをガワナメ星でも繰り返さないようにしたいのだ」

　人類は知的好奇心が旺盛であり、問題に挑戦する動物です。問題が難しければ難しいほど、それを解こうとする意欲がわいてきます。そして、難問を解きたいがために、常に強力な理論を求めてきました。しかし、あまりにも強い理論を求めすぎると、最後には矛盾した理論に手を出すようになるでしょう。

「矛盾した理論がどんな難しい問題でも解いてくれるなら、願ったりかなったりの理論じゃないの？」
　コウちんのボケが始まりました。
「いくら願ったりかなったりでも、科学ではとても受け入れられない理論よ」

◆ 信用できない証明

「ところで、矛盾している数学理論から証明された命題は、まったく信用できないのですか？」

ミッちゃんの質問に、ヒデ先生は襟を正して答えます。

「そんなことはありません。信用しても良い場合があります」

「信用できないと言ってみたり、信用できると言ってみたり、あなたは忙しいわね」

マユ先生は突っ込みを入れました。

「どのようなときに信用してもいいのですか？」

「それを具体的に考えてみましょう」

はたして、矛盾している数学理論によって行なわれる証明は、信用していいのでしょうか？ 信用してはいけないのでしょうか？

「次のような n 個の仮定 E_1, E_2, E_3, $\cdots$, E_n を有する数学理論 Z を考えてみます。左側に理論の記号を書き、右側にその仮定を列挙します」

$$Z : E_1, E_2, E_3, \cdots, E_n$$

「この理論が矛盾しているとします。すると、これらの仮

定の中には偽の命題が含まれている。それをE_fとしてみよう。偽の命題は1つとは限らないが、ここではわかりやすいように1つとする。すると、これ以外の仮定はすべて真の命題になる」

「この数学理論を用いて命題を証明するとき、これらの仮定全部を使うわけではないのよね？」

「そう。よくわかりますね。ミッちゃんは、どこで数学を学んだのですか？」

「おもに地球で学んだのよ。ちょうど1年半前に、地球ではガウスの神様という数学の神様が生まれたの。とっても数学が得意で、その神様に直接、指導を受けてきたのよ」

「ふ～ん。だからよく知っているのですね」

「その神様は、非ユークリッド幾何学普及委員会の会長さんなんだけれども、自分からは非ユークリッド幾何学の正しさを公表しない方針なの」

「ちょっと変わっているね」

マユ先生は心の中で、あなたこそ変わっていると思いました。一方、ヒデ先生はあまり興味を示さずに次に進みました。

「E_fを使うか使わないかによって、証明を次の2つに分けることができます」

（1）E_fを使う証明
（2）E_fを使わない証明

「証明に必要な仮定の中にE_fが含まれていれば、得られた結論は信用できません」
「含まれていなければ？」
「信用できます。つまり、矛盾している数学理論で証明された命題でも、真実を言い当てていることがあります」

「これは、物理理論にも当てはまるの？」
「もちろんです。物理理論も複数の仮定を持っているが、それらがすべて偽の命題であるとは限らない。証明でたまたま偽の命題を使用しなかったときは、その物理理論は正しい理論として効果を発揮するでしょう」

　ヒデ先生は一息ついて、アイスコーヒーを一口、飲みました。
「それに対して、偽の命題を使用した証明のときは、その物理理論は正しい理論として効果を発揮することができないことがある。つまり、矛盾した物理理論は正しい結論を下したり、間違った結論を下したりと、とても忙しいのだ」
「忙しいのは、あなただけじゃないのね」
　マユ先生はホットコーヒーを飲みながら言いました。
「物理理論が正しいか間違っているかを評価するときには、このことを常に念頭において、慎重に判断を下さなければならない」
　おとなしいと思っていたら、子供たちは黙ってイチゴのケーキを食べています。

◆ 数学理論同士の矛盾

「では、2つの数学理論から矛盾が出てきたときは、どう扱えばいいの？」

「数学理論Xから命題Qが証明され、数学理論Yから命題¬Qが証明されるならば、XとYのうち少なくともどちらかは矛盾している数学理論です」

「どうして？」

「では、それをこれから説明しよう。下記のようにA，B，Cを設定し、これらがすべて命題であると仮定しよう」

　A：数学理論Xと数学理論Yは、ともに無矛盾である。
　B：命題Qは、数学理論Xから証明される。
　C：命題¬Qは、数学理論Yから証明される。

「Xの仮定を$X_1, X_2, X_3, \cdots, X_m$とし、Yの仮定を$Y_1, Y_2, Y_3, \cdots, Y_n$とします。左に数学理論の記号を書き、右側にその仮定を列挙します」

$X : X_1, X_2, X_3, \cdots, X_m$
$Y : Y_1, Y_2, Y_3, \cdots, Y_n$

「命題Qは数学理論Xから証明されるから、$X_1, X_2, X_3, \cdots, X_m$のいずれかからQが証明されるので、次なる論理式

が真になる」

$$(X'_1 \wedge X'_2 \wedge X'_3 \wedge \cdots \wedge X'_s) \rightarrow Q$$

「X'_1, X'_2, X'_3, …, X'_sは、Qを証明するために必要な仮定であり、X_1, X_2, X_3, …, X_mから取り出したものだ」

コウちんは大きなあくびをしています。

「一方、命題￢Qは数学理論Yから証明されるから、Y_1, Y_2, Y_3, …, Y_nのいずれかから￢Qが証明されるので、次なる論理式も真になる」

$$(Y'_1 \wedge Y'_2 \wedge Y'_3 \wedge \cdots \wedge Y'_t) \rightarrow \neg Q$$

「Y'_1, Y'_2, Y'_3, …, Y'_tは、￢Qを証明するために必要な仮定であり、Y_1, Y_2, Y_3, …, Y_nから取り出したものだ。このとき、この対偶も真になる」

$$Q \rightarrow \neg (Y'_1 \wedge Y'_2 \wedge Y'_3 \wedge \cdots \wedge Y'_t)$$

「これらに三段論法を使うと、次なる論理式が得られる」

$$(X'_1 \wedge X'_2 \wedge X'_3 \wedge \cdots \wedge X'_s)$$
$$\rightarrow \neg (Y'_1 \wedge Y'_2 \wedge Y'_3 \wedge \cdots \wedge Y'_t)$$

「数学理論Xが無矛盾であれば、Xの仮定はすべて真の命題だ。このとき、$X'_1 \wedge X'_2 \wedge X'_3 \wedge \cdots \wedge X'_s$ も真である。三段論法より、$X'_1 \wedge X'_2 \wedge X'_3 \wedge \cdots \wedge X'_s$ が真であれば、$\neg(Y'_1 \wedge Y'_2 \wedge Y'_3 \wedge \cdots \wedge Y'_t)$ も真だ」

ヒデ先生は、この式を変形しました。

$$\neg(Y'_1 \wedge Y'_2 \wedge Y'_3 \wedge \cdots \wedge Y'_t)$$
$$\equiv \neg Y'_1 \vee \neg Y'_2 \vee \neg Y'_3 \vee \cdots \vee \neg Y'_t$$

「これが真であるということは、$Y'_1, Y'_2, Y'_3, \cdots, Y'_t$ のうちのいずれかが偽であるということだ。これは、数学理論Yが偽の命題を仮定として持っている矛盾した数学理論であることを意味している」

コウちんはうつらうつらし始めました。

「つまり、ある命題がある数学理論では真であり、別の数学理論で偽であるならば、その2つの理論のうちどちらかは矛盾した数学理論なのね」

口の周りが白いケーキだらけのコウちんが、急に目を開けて言いました。

「僕は今まで、命題というものは理論に依存して真になったり偽になったりするものとばかり思っていたけれど…違うんだね〜」

「でも、地球ではまだそういう考え方がメインなのよ」
　ミッちゃんはティッシュで口の周りをふいてやりながら、地球数学の現状を述べました。

◆　矛盾している物理理論

「命題の真偽が理論に依存していると考えることは間違いだ。しかし、間違いは誰にでもある」
「ヒデ先生にも？」
「そうだ。私の言っていることの半分は信用できないと思ってほしい」
「じゃあ、半分は正しいことを言っているの？　ずいぶんと自信があるのね」
　マユ先生の皮肉は、ヒデ先生は聞こえなかったようです。
「数学には下記の真理がある」

　矛盾した数学理論からは、どのような命題でも証明できる。

「これを物理学に転用すると、次のようになる」

　矛盾した物理理論を用いれば、どのような自然現象でも説明できる。

ケーキを食べ終わったミーたんは質問しました。
「ということは、正しい物理理論で説明できなかった自然現象が、間違った物理理論ですんなり解かれてしまうことがあるの？」

　ミーたんは心配しています。矛盾した物理理論は、従来の物理理論では説明不可能な自然現象をうまく説明できるようになるのではないかと…。

「でも、人間の能力には限界があるから、すべてを説明できるとは限らない。矛盾した物理理論でも説明できない自然現象が、実際には存在する」

　ここでヒデ先生は、直感の導入を進めました。
「矛盾した理論に対して、人間はそれとなく違和感を覚えるものでだ。言葉ではうまく表現できないような、居心地の悪さを感じるものだ。でも、その中でしばらく暮らしていると、その感覚が鈍磨してくることもある。これは、とても恐ろしい心理現象だ。だから、ときどきは論理を抜きにして、直感で理論全体を見直すことも大切である」
　子供たちも次第に直感と論理のバランスが大事であることを理解し始めてきました。

「いずれにしても、矛盾した理論は論理的に破綻している

のね」

「だが、矛盾した理論がいつもすぐに破棄されるとは限らない。ときには、修正に修正を繰り返されて、1世紀近くも生き延びることもある。矛盾した理論の修正は矛盾を排除するという形での修正ではなく、内部に矛盾を抱えたまま、他の部分だけを修正するのだ」

「それを繰り返すのね」

「いってみれば、**矛盾している理論は進化する**ということだね〜」

「修正方法はいろいろあるわ。だから、矛盾した理論を一部修正した理論は1つとは限らないの。きっと、いくつもの修正理論が出てくるわね」

「すると、**矛盾している理論は多様化する**ともいえるんだよね〜」

　矛盾している数学理論と矛盾している物理理論の進化と多様化…　これは重大な問題に発展しそうです。

「うちみたいだ」
　ヒデ先生は言いました。
「うちは、天井からしょっちゅう雨漏りがするんだ。だから、雨の日はゆううつだ。そのたびに、その雨漏りを内側から止めているんだ」
「もう、屋根ごとそっくり交換してもらったらいいのに…

根本的に直さないから、雨漏りするたびにちょこちょこ直さなければならないのよ。こんなことを、いつまで繰り返すつもりなの？」

「だって、しょうがないだろう。根本的に直すだけのお金がないんだもん」

なにやら甘えているようです。甲斐性のないヒデ先生に対して、マユ先生は少し不満を持っています。それを見ていたミッちゃんは2人に言いました。

「お互いに仲良くやってちょうだいね」

「は～い」

マユ先生とヒデ先生は、大きな声で返事をしました。

「約束してちょうだいね」

「は～い」

「じゃあ、続けて」

うながされたヒデ先生は、話の続きを始めます。

「『矛盾した数学理論からは、どのような命題でも証明できる』ということは、今までは常識だと思われてきた。しかし、最近になってから、これに疑問を持ち始めたのだ」

「どうして？」

「矛盾が証明できない矛盾した理論の発見だ」

ヒデ先生は、なにやら新しい発見をしたみたいです。

「この理論の存在を認めるということは、『矛盾した数学理論からは、どのような命題でも証明できる』を結果的に否定するからだ」

「なぜなの？」
「なぜならば、どんなことでも証明できるならば、己の矛盾も証明できなければならないかだ」

◆ 2つの誤り

ヒデ先生は、子供たちに忠告しました。
「理論が矛盾しているかどうか、判断することがとても難しいことがある。この判断を誤ると、とんでもないことが起こるだろう」
「どんな判断の誤りがあるの？」
アイスコーヒーをもう1杯注ぎながら、ヒデ先生は2つの誤りについて、次のような説明しています。

「第1種の誤り」とは、理論が無矛盾であるとき、これを矛盾している理論と勘違いして捨てることをいいます。反対に、矛盾している理論を採用することが「第2種の誤り」です。

マユ先生も、理論の採用には慎重に当たるように子供たちに教えています。

「AとBを次のように置きます」

A：「理論Zは無矛盾である」がZ内で証明されないならば、Zは矛盾している。
B：「理論Zは矛盾している」がZ内で証明されないならば、Zは無矛盾である。

「Aを正しいと考えると、第1種の誤りを招くことがあります。Bを正しいと考えると、第2種の誤りを招くことがあります。誤りを招くことがある論理は正しい論理とは言えないので、AもBも真の命題ではありません」
　マユ先生も追加しました。
「一時的に急場を切り抜ける理論も、一時的にパラドックスを回避する理論も、正しい理論とは言えません」
　言い終わったあと、柱時計がボーンボーンと鳴りました。古ぼけた振り子時計です。

「また来るわね」
　急にミッちゃんは別れを言い出しました。
「地球にまた戻らなければならないの」
「泊まっていってよ。今夜一晩だけでも」
「だめなのよ。帰還船が待っているの」
「また、遠くに行っちゃうの？」
　マユ先生は、目を真っ赤にして泣き始めました。ミッちゃんは、そんなマユ先生の背中を優しくなでています。
「ごめんなさいね」

そのときです。外で大きな汽笛が鳴りました。

　ボ〜〜〜〜

　窓から見ると、大きな帰還船が空中に浮いています。ミッちゃんを迎えに来たようです。
「じゃあ、さよならよ」
　ミッちゃんとマユ先生は、抱き合いました。
「元気でね」
「便りをよこしてね」
「うん」
　ミッちゃんは吸い込まれるように帰還船に移り、やがて帰還船は小さくなって見えなくなりました。みんなは手を振りました。
「また、行っちゃったのね…」
　マユ先生は、ずっとハンカチで目頭を押さえていました。ヒデ先生は、マユ先生の肩にそっと手を当てました。
「さて、そろそろ行こうか。サクくんも待っているよ」
　マユ先生は、すこし気を取り直しました。
「そうね。早く行きましょう。ミーたんとコウちんは、まずは、あとかたづけをしてね」
「は〜い」

　ヒデ先生は、隣の部屋に行きました。

「あれ、眠っているの？」
「ええ、いろいろしゃべったので、疲れたようです」
　ラッセル老人は、ベッドですやすやと寝息を立てています。まるで、少年のような寝顔です。
「いつも、苦労をかけるね」
　ヒデ先生は、妹に父親の介護をしてもらっていることを申し訳なく思っています。
「いいえ、おじいちゃんですもの…。いつもはマユ先生が献身的な介護をしているから、こういうときくらいは私が喜んで代わります」
「すまない」
「それよりも、気をつけて行ってらっしゃい」
「じゃあ、行ってくるよ」
　ヒデ先生は、マユ先生とミーたんとコウちんを乗せて、中古の小さな愛用車で闇の湖へ出発しました。

第5幕

地球人、現る

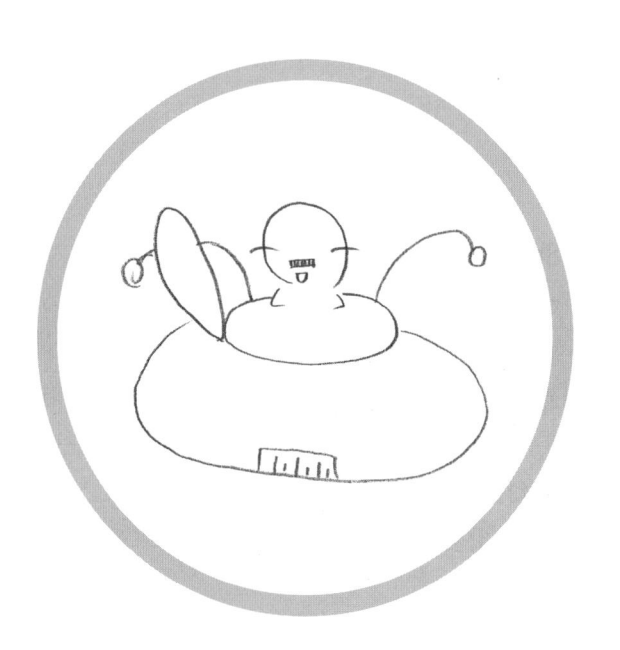

◆ 試作花火炸裂

　彼らが湖に到着すると、すでにそこにはサクくんとジー警備員とケイさんが待っていました。サクくんは花火の最終チェックに入っています。空はすでに暗くなっていました。

　全員がそろったところで、サクくんはいよいよ自分でこしらえた花火の実験に入ります。今までにない、革新的な花火であることを自負しています。

　リモコンで電波を送ると、花火はふらふらと空中に舞い上がり、ゆっくりゆっくりと高く上昇していきます。次第に小さくなって、やがて、見えなくなりました。

　肉眼で追えなくなった花火を、今度はレーダーで追跡しています。どうやら闇の湖の中央にたどり着いたようです。たぶん、それは天空に届くくらいの高さにあるでしょう。

「いよいよね」
「いよいよだ」
「OK？」
「OK」
　サクくんは、点火のボタンを押します。

「ファイア」

　そのとたん、虹色に輝く大きなたくさんの同心円が、空一面に広がりました。しばらくしてから、地鳴りとともに轟音が聞こえました。同心円は、次から次へと中心で生まれては外に向かって成長していきます。その花火はとても美しく、まるでこの世のものとはとても思えません。

「おーー！」

　歓声が上がりました。次に、それらは空一面に輝く黄金色の水玉模様に変化しました。あたりからはパチパチという拍手の音が聞こえます。

　最後には、銀色のすだれ状の花火となり、それがみんなの頭や服の上にきらきらと舞い降りてきます。それからというもの、あたりはまるで昼間のような明るさになりました。

「まあまあだ！」

　サクくんのデザインしたとおりの展開になりました。花火の余韻がしばらく残るので、暗かった夜空も数時間は真昼状態になります。

おや？　どこかでアラームが鳴っているようです。
「大変だ。自宅の異常事態を知らせる警報装置が作動してしまった。きっと、地震と勘違して誤作動したのだろう。早く解除しないと、タマサイ警備保障から人が飛んできてしまう。」
　ジー警備員とケイさんは、急いで自宅に戻りました。

　しかし、その後です。本当の異常事態が発生したのは…。ピキピキという音がして、天空全体に無数の細かいひび割れが走りました。まるで、これから空が壊れておっこってくるようです。みんなは恐れおののいていますが、サクくんは大満足でした。

「やったー！　ついに天空が割れたぞー！」

　サクくんは、大きな声で叫びました。とうとう、天空を割る花火を作り出したのです。みんなは空が落ちてくるのではないかと心配でした。しかし、ひび割れは止まりました。みんなはほっとすると同時に、このような画期的な花火を作ったサクくんに割れんばかりの拍手を送りました。ところが、その拍手によって、天空のひび割れがまた増えました。今度は、そのひび割れから少し変な音が聞こえます。

く〜く〜

　以前に聞いたことがあるような声です。

　グ〜グ〜

　間違いありません。これは、うきゅ〜の神様の声です。どうやら眠っているようです。いびきでしょうか？　みんなは大きな声で呼びかけます。

「お〜い！」
「うきゅ〜の神様〜！　こっちだよ〜」
「下だよ〜下〜！」

　ひび割れの一部から、めがねをかけた丸い目が1つ見えました。
「うるさいなあ」
　どうやら神様が、天空から下界を覗いているようです。みんなは手を振っていますが、そのひび割れは次第に小さくなり、やがてはすべて閉じてしまいました。そして、再びもとの小さないびきになりました。

　く〜く〜

◆ UFO出現

しかし、またしても音が少しずつ変わってきました。クークーという音とからゴーゴーとなり、それがウィーンウィーンに変わってきました。

みんなはおかしな音だなと思いながら、その音の方向をじっと見ていました。すると、天空のかなたにキラリとしたものが光り、それが次第に大きくなってきたかと思うと、突然のように銀色のUFOが出現しました。そのUFOはくるくると回転しています。

しばらく闇の湖の上空に停止していましたが、やがて、静かに湖に着水しました。上面にあるハッチがパカッと開き、そこからなんと人の顔が出てきました。どうも、おじさんのようです。周囲をきょろきょろ見回し、器械で何かを測定しています。

「大気は大丈夫なようだ」

独り言でしょうか。安心したような表情です。そのとき、おじさんはミーたんたちに気がつきました。目と目をじっと見つめ合いました。どうやら、お互いに敵同士ではないことがわかったようです。

ＵＦＯは再び、ゆっくり上昇して、岸にいるみんなの上空で停止しました。おじさんはメガホンでみんなに呼びかけました。

「これから着地します。危ないですから、もう少しお下がりください」

　みんなは、周囲に広がるように下がりました。ＵＦＯはその中心に、まるでスローモーションのように降下し、音もなく着地しました。ミーたんたちは、すぐ目の前に知らないおじさんの乗ったＵＦＯが存在することにびっくり仰天して、動くことすらできません。最初に口火を切ったのはコウちんです。

「おじさんは誰？」
「僕の名前はボヤイである」
「ぼやいている？」
「ぼやいているのではなく、ボヤイ隊員である。坊やの名前は？」
「コウちんだよ。おじさんはどこからきたの？」
「※▲≦☆〒∪⊥∬√Σ∂∃…」
「え？」
　ボヤイ隊員は、首からぶら下げてある器械をしきりにいじっています。ほっとした顔に変わったので、器械の調子

が良くなったようです。
「お待たせしましたである。地球からである」
「え？」
　みんなは驚きました。
「地球？　地球って、あの地球？」
「そうである」

　ボヤイ隊員はよっこらしょと言いながら、ハッチから外に出ました。首にぶら下げてあるのは、どうやら宇宙語翻訳器のようです。これは、高度知的生命体間の異なる言語のみならず、動植物の言葉も自動的に翻訳できる優れた器械です。

「それは、宇宙語翻訳器だよね」
「そうである」
　ボヤイ隊員は、みんなの前まで来ました。
「噂に聞いたことがあるけど、すごい器械だよね」
「まあ、である。そんなところである」
　コウちんは、近寄ってボヤイ隊員の体をべたべた触り出しました。マユ先生は離れるように言いましたが、今度はミーたんが隊員の腕にぶら下がり出しました。
「君は誰であるか？」
「ミーたんよ」
「かわいい女の子である」

「まあね。そこにいるのはマユ先生よ。どう、きれいでしょう？」
「まあね、である」
「失礼ね。どうして、ガワナメ星に来たの？」
　マユ先生は、ぶっきらぼうに聞きました。
「大きな声では言えないが、われわれは極秘任務の途中なのである。しかし、あまりにもきれいな花火が見えたので、つい、この星に寄ってしまったのである。である。」
　やはり、人間の言葉というよりも器械的な言語の印象が強く感じられます。
「である、である、である…」
　突然、器械が勝手にしゃべり出しました。ボヤイ隊員は、必死で器械をいじっています。
「お待たせいたしましたである。あの花火は誰が作ったのであるか？」
「俺さ」
　サクくんは名乗り出ました。
「ほほー。まだ子供なのに、素晴らしい才能である。ぜひ、その作り方を教えてくれないかな？」

　そのとき、地球数学を研究していたヒデ先生はしゃしゃり出ました。
「けっこうです。すべて教えましょう。その代わり、地球の数学を教えてくれませんか？」

何という貪欲な交換条件でしょうか。ヒデ先生は花火の作り方など、まったく知らないはずです。みんなはあきれてしまいました。

◆ 任意とすべては似ている

「良いである。何を教えてもらいたいのであるか？」
「地球では、『すべての自然数』と『任意の自然数』をどのように扱っているかです。私の調べた限りでは、同じに扱っているようですが…」
「なんだ、そんな簡単なことであるか」
　ボヤイ隊員は、少し鼻でヒデ先生をあざ笑っているような感じでした。
「数学では、任意という言葉がしょっちゅう出てくるのである。では、任意という言葉と辞書で引いてみるのである」
　隊員は制服の胸ポケットから分厚い辞書を取り出して、ぺらぺらとページをめくって調べ始めました。

【任意】
（１）規則や定めなどによらず、その者の思いにまかせること。
（２）特別な選び方をしないこと。あらゆる場合、すべての場合というのと同義にも用いる。

「ふむふむ、任意はすべてと同じ意味で使うことがあるのだな」

独り言をいったあと、ボヤイ隊員はヒデ先生に向かって答えました。

「任意という言葉とすべてという言葉は同じである」

ヒデ先生にとっては、予想した答えでした。

「同じですか?」

「まったく同じである。たとえば、『任意の自然数 n について P (n) が成り立つ』と『すべての自然数 n について P (n) が成り立つ』は、同じ記号で書くのである」

ボヤイ隊員は紙を取り出すと、次のように書きました。

$\forall n P(n)$

「$\forall n$ は『任意の n について』とも読み、『すべての n について』とも読むのである。P (n) は『自然数 n について P という条件を満たす』という意味の記号である」

ボヤイ隊員が詳しく説明してくれるので、ミーたんたちにもわかりました。宇宙にはたくさんの星があり、その中には高等生物がすんでいる星もいっぱいあります。それらの星における数学に違いがあってはならないという立場から、最近は、数学を統一しようという動きがあります。数学の記号に関しても多くが統一化されています。$\forall n$ とい

う記号も、地球でもガワナメ星でも共通しているみたいです。

「たとえば、次の2つにまったく違いはないのである」

　任意の自然数nについて、n＋n＝2nが成り立つ。
　すべての自然数nについて、n＋n＝2nが成り立つ。

「本当かしら？」
　マユ先生は疑問でした。
「本当である。数学では、任意という言葉とすべてという言葉は同じである」
「でも、本当は同じではなく、ただ似ているだけかもしれないわ」
　マユ先生の疑いに対して、ボヤイ隊員は逆に聞きました。
「その証拠はあるのであるか？」

◆　任意とすべては異なる

「あります」
　マユ先生は近くにあった棒をひろってきて、地面に次のように書きました。

任意の自然数をnと置く。
　すべての自然数をnと置く。

「この2つの文は異なります」
「これらは文だが、命題ではない。ただの行為に過ぎない。だから、真とも偽とも解釈できない」
「命題の中で使われている任意とすべては同じだけれども、命題でない文の場合は異なっていてもいいの？」
「そうである」
「では、次に命題で比べてみましょう」
　再び、棒が動き出しました。

　3に任意の自然数を足したものは自然数である。
　3にすべての自然数を足したものは自然数である。

「この2つはどうですか？」
　ボヤイ隊員は考え中です。
「この2つの文は、任意とすべてをそっくり入れ替えただけです。その他の言葉にはなんの違いもありません。それでも、同じ命題ですか？」
「この2つの文が違うように見えるのは、気のせいに過ぎないである」
「気のせいなの？」
「そうである。気のせいである。次のように変えれば、気

第5幕　地球人、現る　269

のせいであったことがわかるのである」
　ボヤイ隊員は、マユ先生の指摘をたくみにかわしました。

　任意の自然数nについて、3にnを足したものは自然数である。
　すべての自然数nについて、3にnを足したものは自然数である。

　ミーたんは不思議に思いました。
「任意という言葉とすべてという言葉をそっくり入れ替えるだけで、どうして意味が同じ文になったり、意味が異なる文になったりするのだろう？」
　実は、ボヤイ隊員もマユ先生の指摘を受けて、次第に不思議に思い始めたのでした。
「もしかしたら、任意とすべては似ているだけで、本当は異なっているのかもしれないのである。だとしたら、何がどう違うのだろう？　不思議なのである」
　ボヤイ隊員は、胸ポケットから再びぶ厚い辞書を取り出しました。
「今度は、すべてという用語を辞書で引いてみるである」

【すべて】
（名）全部。みんな。
（副）ことごとく。残らず。一つも残さず。全部。

「おや、**残らず**や**1つも残さず**、という記載もあるぞ」

　ボヤイ隊員は重大な言葉に気がつきました。どうやら、**残り**という言葉がキーワードのようです。

「じゃあ、自然数をすべて集めた集合Nで比較してみましょう」
「ものは試しだ。やってみようである」
　マユ先生の提案に、ボヤイ隊員も乗ってきました。

　N＝{1，2，3，4，5，…}

「この集合から任意の要素を取り出します。すると、次のようになります」

　m（mは任意の自然数）

「任意の自然数という場合、適当に選んだ1つの自然数という意味です。たとえば、任意の自然数として3を採用すれば、3以外の自然数がまだ無数に残っています。任意の自然数として10を選べば、10以外の自然数が無数に残っています。どのような任意の自然数を選ぼうとも、他の自然数がいくらでも残っています」
「そうであるか。任意の自然数という場合は、残りがあっ

てもかまわないのであるか」

　ボヤイ隊員はひらめきました。

「一方、集合Nからすべての要素を取り出します。次のものが取り出した自然数です」

　1，2，3，4，5，…

「すべての自然数を取り出した場合、残っている自然数が1つも存在しません。これは、1を取り出す、2も取り出す、3も取り出す、4も取り出す、…という無限の操作が完結した状態になっています。それこそ、すべての自然数を**残らず**取り出しています」

　ミーたんも気がつきました。

「すべての自然数を取り出すという行為は、任意の自然数を取り出すという行為を完結させたのね。じゃあ、これは完結した無限だわ」

　ボヤイ隊員はあっと言って驚きました。そして、次なる真実に到達したのでした。

　無限に関していうならば、**任意**という言葉は**完結しない無限（可能無限）**を意味している。それに対して、**すべて**という言葉は**完結した無限（実無限）**を意味している。

「なるほど。これで、すっきりしたね」
　みんなは、のどにつかえていたものがすべて取り除かれたような爽快な気分になりました。ボヤイ隊員もほっとした顔をしています。

◆　同義

　気持ちのすっきりしたボヤイ隊員は、面白がってさらに調べたい気持ちになりました。そこで今度は、腰のポケットから別の出版会社の国語辞典を取り出しました。
「ここで、もう一度、別の国語辞典で『任意』を引いてみようである」

【任意】特別な選び方をしないこと。
　（あらゆる場合、すべての場合というのと同義にも用いる
　　こともある）

「なんで、カッコ書きがしてあるのだろう？」
「もしカッコがなければ、任意の解釈は1つだから命題が構成できるよね〜」
「しかし、カッコがあるということは、もう1つの解釈があるということだ。つまり、任意の解釈は2つ存在するのだ」

ヒデ先生は鋭い指摘をしました。

　任意の解釈　→　（１）任意
　　　　　　　　（２）すべて

「『任意』という言葉が、『もともとの意味である任意』と『すべてという意味での任意』の２つの意味を有している。それならば、これは相手にも言えるはずです」
「つまり、『すべて』の解釈も、『本来のすべて』という意味と、本来のすべてという意味ではない『任意という意味でのすべて』であるか？」

　すべての解釈　→　（１）すべて
　　　　　　　　　（２）任意

　これが正しいかどうか、２冊の国語辞典を見比べていましたが、どうも載っていないようです。
「『すべて』という項目を国語辞典で調べても、『任意と同義に用いることもある』とは書かれていないである」
「それはおかしいです。任意をすべてと同義に用いてもかまわないのならば、逆に、すべてを任意と同義に用いてもかまわないはずです」
「それもそうである。ということは、国語辞典の記載が不十分なのであるかな？」

「いずれにしても、任意とすべてが同じになることがあるのだね〜。こりゃ、すべてのお嬢様に知らせなきゃ〜」
「どうして？」
「だって、任意のお嬢様でも通用するようになるよ〜」
「意味わかんない」

「もう一度、本来の言葉の使い方に戻るけど、『任意の〜』は残りを許すけれども、『すべての〜』は残りを許さないということね」
「う〜〜〜である」
　ボヤイ隊員は、うなり声を上げています。
「これが、両者の本質的な違いなのでしょう。そして、これは可能無限と実無限の本質的な違いでもあるわ」
　地球数学を教えてもらうはずが、逆になってしまったようです。マユ先生の説得は、ボヤイ隊員をうならせるほどの効果がありました。

　ヒデ先生でも乗ってきました。
「では、このことに注意しながら、無限集合を考察してみることにしよう」
「任意の自然数を含む集合と、すべての自然数を含む集合を比較するのであるか？」
「そうです。任意の自然数を含む集合とは、ペアノの公理によって生成される１つ１つの自然数を含み続ける集合で

あり、要素が1個ずつ増加する動的な集合になります。それに対して、すべての自然数を含む集合は、この1つ1つの含むという作業が完結し、完全に含み終わってしまった静的な集合になります。これより、任意の自然数を含む集合とすべての自然数を含む集合は異なります」
「そして、後者からパラドックスが発生したというのであるか…」
　ボヤイ隊員は言ったあと、しまったと思いました。

◆　一対一対応

「このことは、区間縮小法においてはどのような役割をしているのかしら？」
　マユ先生の疑問にヒデ先生が答えます。
「すべての自然数を含む集合からすべての実数を含む集合への一対一対応という場合、これは実無限による無限集合から実無限による無限集合への一対一対応だ」
「ということは、区間縮小法は実無限からなる一対一対応による背理法だよね〜」
「そういうことになる。一対一対応には2つあることはわかるな」

（1）可能無限による一対一対応
　　（任意の自然数を含む集合と、任意の実数を含む集合の間の一対一対応）
（2）実無限による一対一対応
　　（すべての自然数を含む集合と、すべての実数を含む集合の間の一対一対応）

「まだあるわ」
　ミーたんは追加しました。

（3）可能無限と実無限による一対一対応
　　（任意の自然数を含む集合と、すべての実数を含む集合の間の一対一対応）
（4）実無限と可能無限よる一対一対応
　　（すべての自然数を含む集合と、任意の実数を含む集合の間の一対一対応）

「可能無限と実無限をごちゃ混ぜにして、話を複雑にしないでほしい」
　ヒデ先生にお願いされたミーたんは、舌をペロッと出しました。

「区間縮小法においては、（2）の実無限による一対一対応が存在すると仮定している。この仮定は、**自然数に残りも**

なく、**実数にも残りがない**という仮定と同じだ。このとき、区間縮小法による背理法を用いれば、まだ残っている実数を作り出すことができる」
「残りがないはずなのに、実は、まだ残りがあったのね」
「そうだ。そして、残りがある実数の数のほうが、残りのない自然数の数より多いはずだと考えたのだ」

　実無限と可能無限の間をとり持っているのが「残り」というごくありふれた日常用語とは、奇妙なものです。

◆　数学的証明

「現在の集合論には、実無限と可能無限が混在しています。どうしてだか、わかりますか？」
　あまりの話の急展開に驚いているボヤイ隊員に、マユ先生が聞きました。
「わからないである」
「私たちが会話で使っている『実無限』と『可能無限』を表す数学記号が作られていないからよ」
「そんなあいまいな記号は必要ないのである」
「だから、数学の世界では実無限による証明と可能無限による証明を区別できないのよ」

マユ先生は、記号が存在しない場合、数学的証明も存在できないことをボヤイ隊員に言いたいようです。
「いいこと、私たちは無意識のうちに２つの無限を思考しているの。１つは可能無限であり、もう１つは実無限よ。これを別の表現に直すと、可能無限は本来の無限であり、実無限はこの可能無限が終わってしまったと仮定している『完結した無限』です。でも、もともとは完結しないものを無限と定義しているのだから、完結する実無限は自己矛盾している概念です。だから、実無限を用いている証明は矛盾の上に成り立っているので、カントールの対角線論法は間違った証明です」
「そのとおり。良識で考えれば、マユ先生の証明は正しい」
「良識による証明？」
「そうです。カントールの対角線論法が間違っている、という命題を導き出した立派な良識的証明です」

　カントールの対角線論法が証明として間違っているのであれば、この証明を背理法として応用しているゲーデルの不完全性定理も間違いであることになります。しかし、あくまでも不完全性定理の証明が間違いなのであって、不完全性定理が主張している内容までもが間違いであるとは言えません。なぜならば、間違った証明から正しい結論が出てくることは、しょっちゅうあるからです。

「そんなのは証明ではないのである」
「どうしてですか？」
「『いいこと、私たちは…』から始まって、『カントールの対角線論法は間違った証明です』で終わる間に、数学記号がまったく含まれていないのである。数学の証明には、数学記号が絶対不可欠である」
「全部、数学記号で書かなければ、証明と認めないの？」
「いや… ほんの一部でもいいから、数学記号が入っていないと証明に見えないのである」
「会話レベルの表現で行なった証明は、数学における証明とみなさないのか？」

　自分の妻の行なった数学的証明を数学とは関係ないと言われたことに、ヒデ先生は腹を立てました。
「現代数学には、実無限という用語の数学記号が存在していない。可能無限という用語の数学記号もまだできていない。証明に数学記号が必要であるというのならば、記号の生産が証明の生産に追いつかないだけだ」

　今度は、ボヤイ隊員が腹を立てました。
「数学記号の数が貧弱だというのであるか？」
「数学における証明を数学記号だけで行なえと言われたら、そういうことになる！」

　間にマユ先生が割って入りました。
「お2人とも落ち着いてください」
　そして、ボヤイ隊員に向かって言いました。

「これからも、重要な数学的真実がどんどん明らかになっていくでしょう。可能無限や実無限という従来からある概念（いまだにこれらは記号化されていません）や、濃度やクラスという新しい概念（これらはすでに記号化されています）を何でもかんでも数学記号に直したら、記号の数が無限に増えていく一方です」

「そりゃ、そうである」

「問題は、『可能無限や実無限という用語の数学記号が作られていないから、それを証明と認めない』という態度です」

「それは、形式主義によって支持されているから、しょうがないのである。証明はあくまでも記号の変形である」

「それが問題なのです。可能無限や実無限という数学用語が存在せず、そのために記号化されていません。記号が存在しなければ、記号の変形など不可能に決まっているのではないのですか？　記号が作られていないという理由で、これらの概念を用いて行なう重要な数学的思考が制限されています。これは、数学的な発想としてはとても貧弱です。これこそ、まさに数学の不自由そのものです」

「そうだよ〜。形式主義なるものは、数学の自由な証明を妨げているよ〜」

「なにを言うかである！　数学用語や数学記号を用いない証明など、数学的証明ではないのである。だから、君の行なった証明は、数学では証明と認めないのである。君にあとで、形式主義を教えてあげるのである」

「ふん」

ヒデ先生は鼻で笑いました。

「それでいて、濃度やクラスという矛盾した概念を数学記号に変換し、これらを用いている証明を数学的証明として容認しているのだろう？」

「いったん記号化されたら、それはそれでしょうがないのである」

「だったら、無限大という意味不明の数学用語や∞という意味不明の数学記号を作るだけではなく、無限や実無限や可能無限を表す数学記号も早く作ってください！」

「それは、宇宙数学記号統一委員会が4年後に開催されるまで、待ってくださいである」

「そんなに待てないわ」

◆ **新記号**

「ボヤイ君」

「はいである」

ヒデ先生は、委員会が開かれるまでの間に一時的に使えるような新しい数学記号がないかと考えています。

「∀nP(n)は『任意のnについてP(n)が成り立つ』という可能無限による読み方も可能であり、『すべてのnについてP(n)が成り立つ』という実無限による読み方も可

能です」

「たくさんの読み方があるから、豊かな数学が築けるのである」

「数学の醍醐味は、命題の意味の一意性にあるのです。もし、数学から実無限を排除して正しい無限に戻すならば、∀nP（n）は可能無限による読み方しか許されなくなります」

　そこで、ヒデ先生は提案しました。

「任意とすべてをはっきりと区別するために、新しい記号を導入したほうが良いでしょう。たとえば、『任意の自然数nに対してP（n）が成り立つ』を次のように書くとします」

　∀nP（n）

「これに対して、『すべての自然数nに対してP（n）が成り立つ』を次のように新しい記号で表現するのです」

　∀∀nP（n）

「この２つは似ているので…」

　∀nP（n）≒∀∀nP（n）

　ボヤイ隊員は疑い深そうな顔をしています。その表情を

見て、マユ先生はわかりやすく説明していきます。
「この場合の≒という記号は、数値が近いということではなく、意味が近いという記号で使っているのね。しかし、厳密には次のようになります」

$$\forall n P(n) \neq \forall \forall n P(n)$$

「∀nは可能無限の論理記号であり、∀∀nは実無限の論理記号です」
　ミーたんは、マユ先生やヒデ先生に賛成です。
「私たちがこれから構築しようとしている新しい数学には、∀という可能無限の記号だけでは足りず、∀∀のような実無限をあらわす新記号が必要になるの？」
　コウちんは期待して言いました。
「新記号が、ものごとの本質を明らかにしてくれるといいね～」
「そうだな。『すべての～』という言葉は日常用語としても多用されているほど親しみがある。ほとんど会話で出てくることのない堅苦しい言葉である『任意の～』よりもずっと身近な存在だ」
「僕は、任意なんて使ったことないよ～」
「うん。そこで、両者を混同することなく、『任意』という意味で『すべて』という言葉を使用するならば、矛盾しない数学を維持することもできる。つまり、すべてという実

無限の表現を維持しながら、思考上の実無限を排除することは決して不可能なことではない。それは、今まで実際に先人たちが行なってきたことなのだ」

ヒデ先生は、サクくんと同じこと言いました。しかし、ボヤイ隊員は国語辞典ばかりいじっていて、あまり話を聞いていないようです。

◆ 国語辞典

「国語辞典を見ていて、何か気がついたことがあるの？」
「あるのである」
「なに？」
「ある１つの単語を調べると、いくつかの簡単な言葉の組み合わせで説明されているのである」
「それが国語辞典の目的です。複雑な言葉をわかりやすい簡単な言葉に直すのです」
「でも、それを続けていくと、それよりももっと簡単な言葉が出ていないことがある」
「すると、どうなっているの？」
マユ先生も興味がわいたみたいです。
「その言葉を同じ意味の別の言葉に置き換えただけである。たとえば、Aという言葉を引くと、BとCとDいう簡単な言葉の組み合わせで説明されている。今度は、その１つの

Bを引くと、さらに簡単な言葉の組み合わせで記載されている」
「次々に、言葉を調べていったんだ〜。えらいね〜」
　コウちんは、ボヤイ隊員の頭をなでました。隊員は、赤い顔をして照れています。
「そうなんである。でも、問題は最後にある。最後に最も簡単な言葉であるXで説明されているので、そのXを調べるとYと出ている。しかし、このYを調べるとまたXと出ている。最後は、いつも堂々巡りになってしまうんである」
「一種の循環論法だね〜」
「それはそうさ。どんなに難しい言葉でも、それを説明できるより簡単な言葉を求め続けたら、最後は究極的に簡単な言葉になる。それは、日常生活で使用されている日常用語に他ならない。その言葉をさらに簡単に説明する言葉など存在しないから、同じ意味を持つ別の言葉に置き換えるしか方法はないのさ」

　マユ先生は聞きました。
「どんな言葉を調べてみたの？」
「『平面』を調べたんだけれども、これは『どこまでも平らに広がった面』と出ている。さらに、『どこまでも』とか『平らに』とか『広がった』とか『面』とかを調べていくと、もとの平面の意味が次第にあいまいになっていくのである。これら４つの言葉を組み合わせた平面の説明は、正確な説

明ではないんであるか？」

「それは、平面を厳密に定義できないということじゃないのかな？」

「だったら、それはすべての単語に言えるよ〜」

「どの言葉も厳密な定義は不可能だということね」

「そうだ。すべての専門用語は、最終的には日常用語で説明されるようになる。『日常用語は厳密でない』と拒否すると、どの専門用語も厳密な定義ができなくなる。厳密な定義をできなくてもいいから、普通の言葉で表現して、相手と共通の認識を持つことが大事だ。これは、数学とても例外ではない」

「日常生活の言葉を、もっと数学に導入したほうが良いというのであるか？」

「今の数学をより豊かにするためには、導入しないよりは導入したほうがいいでしょう」

◆ 言葉と記号

「そもそも、話し言葉にしても書き言葉にしても、言葉はそれぞれ意味を持っていることが多いものです。その意味を相手に伝えるために、私たちは言葉を生み出したといってもよいでしょう。そして、この意味を持つ言葉を用いて数学を築いてきました」

「そりゃ、そうである」
　ボヤイ隊員はあいづちを打ちました。
「しかし、言葉が長くなると不便なため、数学では言葉の代わりをするものが発明されました」
「それは、何であるか？」
「記号です。言葉を記号に置き換えることを考えついたのです。これは画期的なアイデアです。しかし、この記号化によって、言葉から意味が失われるわけではありません」
　ヒデ先生は、言葉を記号に置き換えても意味が失われないことを強調しています。

「もともと、数学は万人が共有できる『意味を有する文』を作り出すことでもあるのです。ある人がその意味する内容を真だと思うけれども、他の人がそれを偽だと思ってはならないはずです。万人にとって真偽が同じになることが、数学の目標です」
　ボヤイ隊員は聞き返します。
「言葉と記号は、本質的には同じということであるか？」
「そのとおりです。1つの言葉がたった1つだけの意味を持っているとは限らないように、言葉を記号化したとき、この記号がたった1つの意味を有するという保証もありません」
「言葉と記号は違うのである」
「いいえ、言葉と記号は本質的には同じよ。言葉そのもの

が一種の記号なのよ。たとえば、私はコウちんよりも少し背が高いでしょう。これをＭｋで表してみるわ」

　　Ｍｋ：ミーたんはコウちんよりも背が高い。

「すごい！　長い文があっという間に短くなったね～」
「『Ｍｋ』と『ミーたんはコウちんよりも背が高い』は内容が同じよ。でも、意味を持った言葉が一瞬にして意味を持たないような記号に変化しているの」
「記号化って、とっても便利だねえ～」
「そうよ」
　ミーたんは得意顔です。
「ところが、実際、無味乾燥なＭｋだけを見ていると、ほとんどの人は何もわからないでしょう。だから、記号化されたものを、いかにもとの言葉に正しく翻訳できるかどうかが、命題をもう一度再生できるかどうかの分かれ道になるのよ。記号をもとの言葉に正しく戻せなければ、ギブアップよ」
「これが、数学を理解できないものにしているの～？」
「そうかもよ。記号で書けば私たちの主観が排除されて、たった１つの意味を有するようになる、というのは幻想にすぎません」
「ということは、言葉が複数の意味を持つ場合、それを記号で表しても複数の意味を持つのだね～」

間にヒデ先生が入りました。
「もちろんだ。たとえば、現在、∀nP(n)という記号には2つの解釈がある」

可能無限による解釈：
任意の自然数nに対して、命題P(n)が成り立つ。

実無限による解釈：
すべての自然数nに対して、命題P(n)が成り立つ。

「解釈が2つあるということは、意味を2つ持っているということだ。1つの論理記号や論理式が2つの意味を有するという性質が、無限集合論におけるパラドックス発生の原因になっている」
「そんなことはないである」
ボヤイ隊員は必死に抵抗します。
「でも、『任意の自然数』と『すべての自然数』が異なることは、無限に関する数学が根本からひっくり返るほど重要な問題です」
「いいや、記号とは、数学の命題を形式的に表現したものである」
「いいえ、記号は言葉を簡略化したものです。これ以外の何者でもありません。意味を抜き取るために記号化したわけではありません」

ボヤイ隊員は言い張ります。
「記号が命題を表現しているという保証がないというのか？　記号イコール命題というわけではないというのか？」
「そのとおりです。もっとも大切なことは、その記号が本当に命題であるかどうかです。記号がいくつもの意味を有していれば、それは命題ではない記号です」
「例をあげて説明してほしいである」
「たとえば、無限公理です。無限公理は、下記のように表される記号の組み合わせですが、これ全体が一種の記号です」

$$\exists x\ (\phi \in x \land \forall y\ (y \in x \to y \cup \{y\} \in x))$$

「記号の組み合わせも、また記号です。記号が命題であるとは限らないように、記号の組み合わせもまた命題であるとは限りません」
「でも、こんな式を見たら、誰だって数学から遠ざかりたくなるよ〜」
「普通の人は、難しい記号で書かれたこのような論理式を、もとの正しい言葉に翻訳できないのよ」
「それは、頭が悪いからである」
「違うわ。命題じゃないからよ」

◆ 無定義語

「数学用語を突き詰めていくと、最後は必ず日常用語にたどり着きます。直線や平面なども、どこまでもまっすぐな線やどこまでも平らに広がった面として理解しているわ」

ボヤイ隊員は、マユ先生の言葉を否定しました。

「しかし、それでは厳密な数学はできないである」

「では、どうしたらいいの？」

「どの言葉も正確な定義は不可能だから、初めから定義しなければよいである」

「それって開き直り？」

「開き直りではないである。定義しないで用いる概念を無定義語というが、直線や平面を正確に定義することはできないから、現在の幾何学ではこれらを無定義語としたのである。同じ理由で、点や空間なども無定義語である。これら無定義語の導入によって既成概念にとらわれることがなくなり、地球の幾何学は急速に発展したのである」

「どのような発展ですか？」

「無定義化によって、線や点という専門用語からもとの意味を抜き去ってしまうことに成功した。その結果、点、直線、平面という言葉をテーブル、イス、ビールジョッキに言い換えることができるようになったのである」

「そんなことしたら、幾何学は抽象化の道をたどることになります」

マユ先生は忠告しました。
「抽象化も度を越すと、まったくイメージできない図形が登場してくるわ」
「多様体のことを指しているのか？」
　ボヤイ隊員は一瞬、とても機嫌が悪くなりました。
「イメージって？」
「形を想像できるということよ。形というものは、想像できるから形なのよ。具体的な形が想像できないようなものは、図形じゃないわ」
　マユ先生は、**図形の条件として具体的な形を想像できること**をあげました。
「形を持たない図形は、図形じゃないよ〜」
「形がなくても図形なのである。そのほうが豊かな数学ができ上がるのである、坊や」
「坊やじゃない〜」
　怒ったコウちんは唇を前に強くとんがらせたため、鼻の穴が見えなくなりました。どうも穴がふさがったみたいで、少し呼吸が苦しそうです。

　ミーたんは話を定義に戻しました。
「定義に対する態度には、いくつかあるわ」

（1）厳密に定義する。
（2）良識的に定義する。

（3）漠然と定義する。
（4）無定義にする。
（5）間違った定義をする。

「数学用語を無定義にすると、具体的に理解できなくなるわ。その結果、『ただ漠然と理解する』という悪い習性を生み出さないかしら？」

「しかたがないのである。厳密に定義できなければ、無定義にするしかないのである。そもそも、数学用語の厳密な定義ができないと言ったのは、君たちである」

「それはわかるよ。それを承知で、できるだけわかりやすく日常生活の言葉で定義することが大切よ。それを、厳密に定義できないからといって、いきなり無定義にするとはあまりにも無謀です」

「そう、100％の定義が不可能ならば、80％で満足すべきだ。それをいきなり0％に持って行くとは…」

ヒデ先生も、無定義には少しあきれています。

「その80という数値はどうやって計算したのであるか？」

返答に窮したヒデ先生を見て、ボヤイ隊員は無定義の便利さを強調しています。

「無定義にすると、数学の専門用語を自由に交換できるようになる。例えば『2直線は1点で交わる』という命題は『2つのテーブルは1つのビールジョッキで交わる』という、みかけ上全く意味のない命題になる。しかし、置き換え前

と同じものなので、これも正しい命題と認めるのである」
「じゃあ、『2直線は1点で交わる』という命題で、直線と点を入れ替えてもいいの？」
「もちろんである」
「すると、『2点は1直線で交わる』になるよ」
「それも正しい命題である」
「正しいという判断は、意味が正しいということだ。定義しなくなった用語には、もう意味などない。だから、これは正しいかどうかとは無縁の存在だ」

　ヒデ先生は、多少、怒っています。
「無定義は、形式主義の中心にある間違った考え方だ」
「無定義の正しさを理解できない者に、形式主義がわかるもんか！」

　ボヤイ隊員も、負けずに怒って言いました。

◆ 形式主義

「君たちガワナメ星人は、地球人の形式主義を勘違いしているのである。とても難しい考え方であるので無理もないのである」
　ボヤイ隊員は形式主義を説明し始めました。
「形式主義とは、ヒルベルトによって確立された主義であり、数学の基本的な態度を述べているのである。これは、

命題を記号によって表し、推論を純粋に記号の操作とみなす考え方のことである」

　みんなは、あまりよくわかりませんでした。反応がなかったので、ボヤイ隊員はもう一度、言いました。
「形式主義では、命題は記号列であり、公理は記号列を変形する出発点としての記号列である。推論は記号列の変形規則であり、変形した結果に出てきた記号列が定理である。この際、命題の意味や内容をいっさい問題としないのである」
「どういうこと？　抽象的すぎるわ」
　ボヤイ隊員は、いらいらしてもう一度説明し始めました。
「形式主義では、命題があらかじめ真とか偽という値を持っているとは考えていないのである。命題とは、規則にのっとって記号を書き並べた単なる論理式である。形式主義では、明らかに正しい命題を公理に置くようなことはしないのである」
「では、何を公理にしているのですか？」
「公理は、単に推論の前提とする命題のことである」
「じゃあ、何でもよいのですか？」
「もちろんである。次に命題を並べていくルールを規定して、これを推論規則と呼ぶのである。そして、推論規則を適用して論理式を変形していくことを証明と呼ぶ。そして、その変形によってえられた新しい論理式を定理と呼ぶのである」

「ナンセンスな論理式も命題なの」

「論理式に意味がなくても良いから、命題と考えるのである」

「意味がなければ、真偽の判定はできないわ」

「意味で真偽の判定を行なうことなど、形式主義ではしないのである」

「だったら、それから証明された命題も、真偽を判定しないのね」

「そうである。形式主義では、公理も仮定であり、定理も仮定に過ぎない。すべてが仮定に過ぎず、真偽を問わなくなっているのである」

「それじゃあ、数学とは言えないわ。真偽を問わなくても良いのならば、いくらでも正反対の理論を作り出すことができるわね」

「そうである。だから、地球ではユークリッド幾何学と非ユークリッド幾何学という正反対の幾何学が両立できているのである。これもすべて、形式主義のおかげである」

「形式主義がなければ、ユークリッド幾何学と非ユークリッド幾何学は両立できないの〜？」

「まあ、そんなことになるかもしれないのである」

◆ 論理式の変形

「公理や定理の真偽は問わないのよね」
「そうである。真でも偽でもかまわないのである。しかし、証明だけは真偽を問うのが形式主義である」
「証明に真理値があるの?」
「ある」
「しかし、証明とは論理式の形式的な変形に過ぎないのでしょう? 変形に真偽が存在するの?」
「正しい変形が真であり、間違った変形が偽である」

　ヒデ先生は、形式主義に疑問を持っています。
「いや、私はそうではないと思います。形式的な変形だけでは、証明には限界があります」
「どのような限界であるか?」
「すべての自然数の集合Nとすべての実数の集合Rの間に一対一対応が存在しないことが、区間縮小法を用いて証明されたのですね?」
「そうである」
「そしたら、これを記号で書くとどうなりますか?」
　ヒデ先生は、形式主義にのっとった論理式の変形だけでカントールの区間縮小法の結論を表現する論理式を導き出すことを希望しました。

「まず、NとRの間に一対一対応が存在しないという命題を論理式で書き表す必要がありますね？」

「そうである。次に、公理的集合論の仮定から、この論理式を導き出す必要があるのである」

「その証明では、絶対に無限公理は必要ですね？」

「もちろんである。無限公理がなければ、Nは集合ではなくなるのである」

「では、試しに無限公理を変形してみてくれますか？」

「え？」

ボヤイ隊員は、突然のことで驚きました。

「$\exists x (\phi \in x \land \forall y (y \in x \to y \cup \{y\} \in x))$ を、形式的に変形してみてください」

「どうやって？」

「それを行なうことが、形式主義にもとづく論理式の変形による証明ではないのですか？」

「…」

「じゃあ、結論である『NとRの間に一対一対応が存在しない』という命題を論理式を書いてみてくれますか？」

「簡単である」

ボヤイ隊員は、下記のような式を書きました。

$\aleph_0 < \aleph_1$

「これで、満足したかな？　地球数学の研究者君」

「いいえ、『NとRの間に一対一対応が存在しない』だから、¬∃で始まる論理式になるはずです」
「そうではない。$\aleph_0 < \aleph_1$ は、『存在しない』という意味を含んでいるのである」
「形式主義では意味を問題にしてはいけないのでしょう？ あくまでも、意味を除いた論理式の変形のみで証明してください」
「どうやって変形したらいいのであるか？」
「それをお聞きしているのです。公理的集合論の公理である論理式を推論規則にしたがって、純粋に記号変形だけで¬∃で始まる『NとRの間に一対一対応が存在しない』という論理式を導き出してください」

ボヤイ隊員は少しひるみました。

論理式で表現されている公理的集合論の公理を、いったい、どのように変形すればカントールの区間縮小法の結論ができ上がるのでしょうか？ ヒデ先生は、とても興味を持っています。

◆ 定義の否定

ヒデ先生は、ひるんだボヤイ隊員に追い討ちをかけます。
「一般的には、次の順で理論が構築されていく」

理論：定義→公理→定理

「このとき、この理論全体を否定したいならば、次の２つの方法があるだろう」
（１）定義を否定する。
（２）公理を否定する。

「公理を否定されたら困るよね」
「そりゃそうさ。公理が正しいことは証明できないし、公理の否定が間違っていることも証明できないのだから、それを否定されても、反論のしようがないのさ」
「つまり、公理を否定する人に対して、『公理を否定することは間違いですよ』と論理で納得させることができないのだ」
「じゃあ、どのように説得させるの？」
「良識で納得させるしかないのだ」
「でも、そんな理由では納得しない人もいるだろう」
「そうだ。そして、納得しない人は公理を否定した数学理論を作り上げることがある」
「公理を否定されるということは、ある意味、致命的な打撃を受けることになるのよ」

「でも、公理を否定されるよりももっと面倒なのは、定義を否定されることだ。定義の否定は、公理の否定以前の問

題だ」

「定義の否定には、どんなものがあるの？」

「無限を否定した実無限が、その代表だ。無限は完結しないものであるという正しい定義を否定されたり、平面上の交わらない２直線が平行線であるという正しい定義を否定されたりしたら、もう手の打ちようがなくなる」

「実際、素朴集合論も公理的集合論も実無限（無限の定義を否定した概念）から構成されているわ」

「いや、そうではないのである。集合論は無限の定義を否定していないのである。無限を無定義にしているだけである」

「定義の否定に近いのが、定義をしないことだ。無定義にすることは、定義を否定することに限りなく近い」

「どのくらい近いのであるか？」

「無定義と定義の否定は、双子の兄弟みたいな関係さ。そして、無定義や定義の否定や公理の否定を可能にしたのが、かの有名な形式主義さ。形式主義にもとづく集合論は間違っている。」

◆ **公理的集合論**

「君たちは、集合論というものをちっともわかっていないのである。集合論とは、集合を扱う数学理論である」

ボヤイ隊員は、集合論の正しさを説明し始めました。
「集合論の初期の段階では、集合は普通の意味での『ものの集まり』として導入された。これを素朴集合論というのである」
「素朴な考え方だから、素朴集合論なんだね〜」
「そうである。これは集合を理解する上で最もわかりやすい考え方である」
「そりゃ、良かったね〜」

「ところが、これは大失敗だった」
「どうして？」
「この素朴集合論から、パラドックスが大量に発生したのである」
「どんなパラドックスなの？」
「『すべての集合の集まり』からはカントールのパラドックスという矛盾が出てくる。『自分自身を要素として含まない集合をすべて集めた集まり』からはラッセルのパラドックスという矛盾が出てくる」
「へえ。集合をものの集まりと定義すると、2つも矛盾が出てくるんだ〜」
「いや、そうじゃない。もっともっと、いっぱいいっぱい矛盾が出てきたのである。それらには、それぞれパラドックスの名前がつけられている」
「ふ〜ん。素朴集合論は矛盾の宝庫だったのだね〜」

「これは研究のしがいがあるわね」
「そうである。これらパラドックスは素朴集合論における本質的な矛盾と考えられた。そして、素朴集合論は『矛盾した数学理論』という烙印を押されてしまったのである」
「かわいそうに…」
「そこで、パラドックスの原因が調べられたのだ」
「原因は見つかったの？」
「簡単に見つかった」
「そんなに簡単だったの？」
「素朴集合論における集合の定義である『ものの集まり』は日常用語である」
「そうだよ〜。『もの』も『集まり』も日常用語であり、数学用語ではないよ〜」
「日常用語は、数学用語と違って意味があいまいである。それがゆえに、むみやたらとなんでもかんでも集合を作ったため、パラドックスが出てきたと考えられたのである。集合を単なるものの集まりとしたことがいけなかったのである」
「パラドックスの原因は、集合の定義のあいまいさにあったの〜？」
「そうである。そこで、集合に対して適当な制限を設ければ、パラドックスは出てこないと予想されたのである。適当な制限を設けるということは、集合をある範囲内に制限する公理を設けるということに他ならない。そのため、素

朴集合論を公理によって整備し、パラドックスを招かないようにしようという動きが出てきたのである。これが、集合論の公理化である」

ボヤイ隊員はだんだんと雄弁になってきました。

「パラドックスの回避を目的として、さまざまな公理が考え出されたのである。それと同時に、いろいろと新しい集合論が考え出されたのである。これらの特徴は、試行錯誤で公理を取捨選択していることである」

「ふ〜ん」

「とにかく、矛盾を生み出すようなものの集まりを集合として認めない公理を設けることが、第一条件だったのである。この新しい集合論が公理的集合論である。ところで、水を1杯くれないかなである」

のどが渇いたみたいです。コウちんは闇の湖からコップ1杯の水を汲んできて、ボヤイ隊員に渡しました。実においしそうに飲んでいます。

「ぺっ！」

ボヤイ隊員は、何かを吐き出しました。それは地面の上でぴちぴちと飛び跳ねています。どうやら、小魚のようです。隊員はそれをそっと指でつまんで、闇の湖に放りました。小魚は、ちゃぽんと水の中に消えていきました。

「そして、公理的集合論は少しずつ修正されて、最終的に出てきたものはＺＦ集合論と呼ばれている。今日、われわ

れが公理的集合論と呼んでいるのは、このＺＦ集合論のことである」
「どうしてＺＦというローマ字がついているの？」
「ツェルメロという人とフレンケルという人が作った公理的集合論だからである。彼らの頭文字のＺとＦをくっつけたのである」
「矛盾のない集合論がようやくできたの〜？」
「そうである。矛盾を排除することに成功したのであるから、たぶん公理的集合論にはもう矛盾は存在していないのである」

　闇の湖では、先ほどの小魚が湖面を跳ねています。
「公理的集合論はとても強力な数学理論である。なぜならば、矛盾を公理によって強制的に排除することができたからである。このような力強い数学理論は、大変貴重なものである」
「でも、矛盾した理論もけっこう論理力が強いよ〜」
「問題はそこにあるのである。公理的集合論を作ることができた今現在、確かに矛盾から解放されている。しかし、常に不安はつきまとっていたのである。矛盾を引き起こす集合を公理で強制的に理論の外に追い出すだけで、本当に矛盾のない集合論ができ上がったと言えるのだろうか？そのような一時的な手段では、またいつ、別のパラドックスが生じるかもしれないのである」
「もし、新しいパラドックスがそこから見つかったときは、

どうするの〜？」
「その場合の対策は意外と簡単である」
ボヤイ隊員は言いました。
「そのパラドックスを追い出す公理を追加すればよいのである」
「それでもパラドックスが生じたら？」
「さらにそのパラドックスを追い出す公理を追加すればよいのである」
「いたちごっこね」
「このいたちごっこは、正しいいたちごっこである」
「では、パラドックスが生じるたびに、その新しいパラドックスを追放する新しい公理を増やし続けるのですか？」
「そうである。これが理論の修正というものである」
「そのような修正は、本当に正しい修正といえるの？」
「理論を破棄したくないときは、こういう形で修正するしかないであろう」
　ボヤイ隊員は、コップに残っていた闇の湖をすべて飲み干しました。
「また、集合とは何かを定義すれば、揚げ足を取られてしまうことがある。この論理的な弱点を取り除くため、集合を無定義にしたのである。日常用語を用いて定義をするくらいなら、いっそのこと無定義にしてしまえ…　となったのである」
「集合から意味を抜き去ったのさ。意味を抜き去るために

行う公理化の真の目的は、結局は、意味による論争を回避できるからさ」
「そうである。集合という言葉自体を無定義にして、公理で作られるもののみを集合としたのである。これ自体は問題ない。自然数の定義もまったく同じである」

　ボヤイ隊員の説明がひととおり終わったところで、マユ先生が自分の意見を述べました。
「公理的集合論で一番問題となっているのは、素朴集合論のパラドックスの真因を突き止めずに、単にパラドックスを一時的に回避するような公理を作ったことです。パラドックスを回避するとは、パラドックスの原因をそのままの状態にしておいて、その代わり、試行錯誤的に公理を調節して、パラドックスが表面化しないようにすることです」
　サクくんも自分の意見を述べます。
「そのとおりさ。公理的集合論は、内部に存在している矛盾を公理によって証明できないようにしただけさ。矛盾している理論を矛盾が証明できない理論に変えただけさ」
「え〜？　公理的集合論は、内部に抱えている矛盾を表から見えないように工夫しているだけなの〜？」
　コウちんは、家の内部に都合が悪い者が居座っている場合、窓やドアを全部閉めて、その都合の悪い者が外から見えないように細工している場面を想像しました。

話は、数学理論を作る動機にまで及びました。
「ユークリッド幾何学は、良識的な公理からなる純粋な公理系だよ〜。ユークリッドが公理系を作った動機は、内部に存在してる矛盾を排除しようという気持ちからではないよ〜」
「そんなの、聞いて見なければわからないのである」
「聞く必要もない。ユークリッド幾何学からは１つもパラドックスは出てこない。直線を『どこまでもまっすぐに伸びていく線』という日常用語で定義しても、まったくパラドックスは出てこない」
「いや、今現在出てこないだけであって、これから見つかるかもしれないのである」
「見つかりません！　それに対して、集合論は最初から多数のパラドックスを含んでいる。公理的集合論は、この自己矛盾を抑え込むことを目的に作られた特殊な数学理論なのだ」
「ユークリッド幾何学と公理的集合論という２つの数学理論には、公理系に対する大きなスタンスの違いがあったわね」
「タンスの違い〜？」
「スタンスの違い！　公理化した動機がまるで異なっているのよ。ユークリッド幾何学における公理化は純真な心から出たのよ」
「公理的集合論における公理化は不純だったというのであ

るか？」
　ボヤイ隊員は憮然として言いました。
「そんなことは言っていない。ただ、パラドックスを排除する目的で行なう公理化は、数学的にはゆがんでいる」
「同じじゃないか！　じゃあ、まっとうな公理化はどういうものであるか？」
「パラドックスの真因を突き止めて、それを数学から排除すればよいのさ」
「それが見つからないから、公理でパラドックスを封じ込めたのである！」
　ボヤイ隊員はサクくんをにらみました。サクくんは負けていません。
「素朴集合論から出てきたパラドックスは、実無限に由来しているパラドックスさ。それに気がつかずに公理だけ調節していても、結局、本当の矛盾を解決できていないのさ」
「サクくんの言うとおりよ。無限の本来の定義は、完結しないもの（こと）です。一方、実無限は完結する無限です。このように、完結しないものを完結すると仮定しているのが実無限だから、実無限は矛盾した概念です。そのため、実無限を採用している素朴集合論からは、たくさんのパラドックスが出てきました。素朴集合論の実無限をそのまま継続して使い続けている限り、公理的集合論もまた矛盾した集合論です」

「では、公理的集合論を否定するのであるならば、それに変わるプランを示してほしいである」

　ヒデ先生は、可能無限による集合論の再構築を提案しました。それでもボヤイ隊員は首を縦に振りません。

◆ クラス

　ボヤイ隊員は言いました。
「公理的集合論では、集合を制限するような公理が設けられている。これは正しい対策である。これのどこがいけないのか？」
「どうして、集合を制限する必要があったの？」
　ミーたんは改めて聞きました。
「『すべての集合の集合』や『自分自身を要素として含まない集合をすべて集めた集合』などは、矛盾を生み出す集合である。そこで、矛盾から集合論を守るため、『矛盾を生み出す集合』を集合の外に追い出す必要が生じたのである」
　ボヤイ隊員が答えます。この答えにミーたんは心配になって聞きました。
「その結果、これらのものは集合ではなくなったのね。でも、集合の外に追い出されたら、その行き場所がなくなってしまうわ。どこにも行くところがなったら、かわいそうよ」

「心配ないのである。集合の外に追い出しただけで、その後は知らんぷりをするほど公理的集合論は無責任ではないのである」
「じゃあ、公理的集合論ではこれらの集まりはいったいどういうふうに扱われるの？」
「これらは固有クラスである」
「固有クラス〜？」
　コウちんは、初めて聞いた名前でした。コウちんの顔を見たボヤイ隊員は、クラスの説明からはじめなければならないことを知りました。

「まず、クラスについて説明する。クラスは、集合よりも大きな概念である」
「大きな概念〜？」
「そうである。集合をさらに拡張した概念である」
「拡張〜？」
「そうである。クラスは有限クラスと無限クラスに分けられる。有限クラスとは有限集合のことである。一方、無限クラスは無限集合と固有クラスに分けられる」
　ボヤイ隊員は、下のような分類を書きました。

$$\text{無限クラス} \begin{cases} \text{無限集合} \\ \text{固有クラス} \end{cases}$$

「無限クラスってなあ〜に？」
「だから、無限集合を拡張したものである」
「じゃあ、幽霊は人間を拡張したものよ。でも、これだけで幽霊を理解しろというのは無理だわ。クラスは幽霊と同じく理解不能よ」

　ミーたんはコウちんに味方しました。でも、簡単にかわされました。
「人間も幽霊も、数学では扱わないのである」
　コウちんはもう一度聞きました。
「無限クラスを一言でいうと何になるの〜？」
「無限クラスは、一言では言い表せないのである。それは、とっても高度な概念であって、普通の人が理解できるしろものではないのである」
「でも、僕は理解したいよう〜」
「わかったである。君のために特別に一言で述べてあげる。無限クラスとは、『無限のものの集まり』である」
　ミーたんとコウちんは、どっかで聞いたことのある概念だなと思いました。
「その無限クラスの中には、『無限集合という名前を持ったものの集まり』と『無限集合ではないものの集まり』がある」
「こういうことね。集合論からパラドックスを排除するために、クラスや固有クラスという概念を増設したのね」
「そうである」

「そして、無限集合と固有クラスを合わせたものを無限クラスとしたのね？」
「そうである。すごいアイデアである。地球人は、これほど頭がいいのである」
　ボヤイ隊員は、少し自慢しています。

◆　すべての無限集合の集まり

　その光景を見ていたヒデ先生は、確認のために聞きました。
「無限クラスは、無限集合と固有クラスの2つに分類されるのだね？」
「そうである」
「この2つは、はっきりと分類されるのかな？」
「もちろん、まったく疑う余地のないほど明確に区別されている正しい分類である」
「本当かしら？」
　マユ先生も疑問を持っています。
「では、もう一度聞くが、無限クラスは無限集合と固有クラスにしっかりと分けることができるのかな？」
　このヒデ先生のしつこい質問に、ボヤイ隊員は切れました。
「分けられる！」

「両者の間にはっきりとした線引きができるならば、クラスという概念を認めましょう」
「そんな約束してもいいの？」
　マユ先生は心配しました。でも、ヒデ先生には勝算がありました。

「では、あなたの言うように、無限クラスを2つのグループに分割しよう。それは、無限集合のグループと固有クラスのグループだ。このとき、固有クラスの定義は？」
「無限集合ではない無限クラスである」
「無限集合の定義は？」
「固有クラスではない無限クラスである」
　ボヤイ隊員は、矢継ぎ早に答えました。
「なにか、だまされている感じ～」
　ミーたんとコウちんは、ハモって答えました。
「何を言うか。無限クラスをきっちりと2つに分割できているじゃないか！」
　ボヤイ隊員はぷんぷん怒っています。

「うちのクラスには、男の子と女の子がいるよ～」
　ミーたんは答えました。
「私とあなたね」
　数学講座には、相変わらず入ってくる生徒が少ないようです。数学に人気がないのは、そのわかりにくさに原因が

あるとのもっぱらの噂です。
「だから、クラスを男の子のグループと女の子のグループにはっきり分けることができるよ～」
「男の子のグループはコウちん、あなた一人でしょう」
「そして、女の子のグループはおねえちゃん一人だよ～」
　ミーたんは、コウちんに姉貴気分にさせられて満足しています。
「公理的集合論の無限クラスも、無限集合のグループと固有クラスのグループに明確に分類できるの～？」
「しつこいである。そんなの当たり前だと言っているのである！」

　ヒデ先生はゆっくりと口を開き始めました。
「では、無限クラスの中にある無限集合のグループをAグループと命名し、固有クラスのグループをBグループと命名しよう」

$$
無限クラス \begin{cases} Aグループ \\ =無限集合をすべて集めた無限クラス \\ \\ Bグループ \\ =固有クラスをすべて集めた無限クラス \end{cases}
$$

「名前など、どうでもよいのである」

「まあ、そういわずに私の話を聞いてください。Ａグループには、すべての無限集合が入っている」
「そうである」
「Ｂグループには、すべての固有クラスが入っている」
「そうである」
「間違いはないかな？」
「武士に二言はない」
　いったい、いつからボヤイ隊員はサムライになったのでしょうか？

「では、Ａグループの正体は何かな？」
「Ａグループはすべての無限集合を集めたものだから…もしＡグループを無限集合と仮定すると、これは無限集合の中でも最大の無限集合だ」
「すると、Ａグループには次なる性質があるでしょう」

（１）すべての無限集合を要素として含む。
（２）いかなる無限集合にも要素として含まれない。

「では次に、Ａグループは自分自身を要素として含むかどうかに答えてもらえませんか？」
「簡単である。Ａグループを短くＡと呼んでみよう。ＡがＡを含むと仮定すると、（２）に違反する。したがって、Ａグループは自分自身を要素として含まないのである。わか

ったかな？」
「じゃあ、AがAを含まないと仮定すると、（1）に違反するんじゃないんですか？」
「本当である。AがAを含むと仮定するとAはAを含まず、AがAを含まないと仮定するとAはAを含む。これはカントールのパラドックスと同じである」
「そうです。Aを無限集合と仮定すると矛盾が出てきます。これより、Aは無限集合ではありません」
「ということは、Aグループの正体は固有クラスであることになるのか…」

Aグループは固有クラスである。

「ならば、AグループはBグループに含まれることになるのではないかな？」

　この結論を聞いて、ボヤイ隊員はびっくりしました。ミーたんもコウちんもびっくり仰天です。特に、コウちんは悲鳴に近い声を張り上げました。
「そうだよ〜。AグループとBグループは別個に存在するのではなく、AグループはBグループの一員だ〜」
「じゃあ、無限クラスは無限集合と固有クラスという2つのグループに明確に分けられるというあなたの発言は撤回するのね」

　ボヤイ隊員は汗を拭きながら答えています。

「…撤回 …しない …である」

◆ すべての固有クラスの集まり

「あ、そー。まだ、無限集合と固有クラスの境界が存在しないことを認めないのね」
　マユ先生も話に乗ってきました。
「じゃあ、今度は固有クラスをすべて集めたBグループについて考えてみましょう。これは、無限集合なの？それとも固有クラスなの？」
「たぶん固有クラスである」
　ボヤイ隊員は小さな声で答えました。
「では、これを固有クラスと仮定してみましょう。この固有クラスは自分自身を含むの？　それとも含まないの？」
　ボヤイ隊員は言葉につまりました。

「Bグループはすべての固有クラスを要素として含んでいますから、固有クラスの中では最大の固有クラスです。ゆえに、次の性質を持ちます」

（1）Bグループは、あらゆる固有クラスを残らず含む。
（2）Bグループを要素とする固有クラスが存在しない。

「Bグループは、(1)と(2)の2つの性質を持つクラスです。ここまではいいですか？」

「よいである」

「では、BグループがBグループを要素として含むと仮定します。すると、(2)に違反するので、BグループはBグループを要素として含まないはずです」

「これのどこが問題か？」

「次に、問題が起こります。では、今度はBグループがBグループを要素として含まないと仮定します。すると、(1)に違反するので、BグループはBグループを要素として含むはずです」

「なに？」

「つまり、BグループがBグループを要素として含むとすると含まず、BグループがBグループを要素として含まないとすると含みます。これは矛盾です」

「この矛盾はどこから出てきたのであるか？」

「Bグループを固有クラスと仮定したからではないのですか？」

　なんと、固有クラスから再びカントールのパラドックスが出てきました。

「これは背理法を形成しているから、仮定を否定することができます。つまり、Bグループの正体は固有クラスではないという結論が出てきます。固有クラスでなかったら、無限集合でしかあり得ません。これより、次なることが言

えます」

　Bグループは無限集合である。

「Bグループは、固有クラスをすべて集めた無限集合だったのか…」
　ボヤイ隊員は、さびしそうに独り言を言いました。
「すると、今度は逆にBグループがAグループの一員ということになるぞ」
「そうだ〜。これより、AグループはBグループを要素として含み、BグループはAグループを要素として含むという結論が得られるのよ〜」

　無限クラスはAグループ（無限集合）とBグループ（固有クラス）に明確に分けられる、という考え方に決定的な破綻が生じました。

「そもそも、集合ではない無限の集まりという固有クラスは自己矛盾した概念だよ〜」
「どうして？」
「国語辞典を見てごらんよ。集まりと集合は同じだと出ているよ〜」
「国語辞典は、この際、考えないのである！　数学を勉強するときは、いくらわからないからといって国語辞典など

引いてはだめである。数学辞典を引きなさいである！」
　固有クラスの矛盾を指摘されたボヤイ隊員は、しょっちゅう国語辞典を引いている自分を棚に上げて、おさまらない怒りを子供たちに向けてしました。
　でも、本当は子供たちを大好きなのです。そのため、子供に八つ当たりしたボヤイ隊員は、その後、しきりに反省しています。

◆ クラスのパラドックス

　それでもクラスを引っ込めたくないボヤイ隊員でした。
「クラスは問題が多いアイデアだ」
「いいえ、はっきり言って間違った考え方よ」
「なんですと。問題があるのは、クラスを理解できない君たちである！」
　ボヤイ隊員は食って掛かりました。
「クラスはごかましだ」
　ヒデ先生もずけずけと言います。
「失敬なである！　発言を撤回しろである！」
「クラスという概念こそ、撤回してもらいたい！」
　ヒデ先生とボヤイ隊員はお互いに顔がくっつくほど近づき、お互いにつばを飛ばし合いながら口論し始めました。
「クラスの定義はものの集まりなのだな」

「そうである」
「では、すべてのクラスを集めたものはクラスか？　それともクラスではないのか？」
　ボヤイ隊員は、はっとしました。
「なに、また同じような質問であるか」
「そうだ。同じ質問に答えてほしい。『すべてのクラスを集めたもの』をクラスと仮定しましょう。このクラスは自分自身を含むのか？　それとも含まないのか？」
　ボヤイ隊員は、再びカントールのパラドックスに悩まされることになりそうです。

「『すべてのクラスを集めたものを』Cとしてみよう。Cは『すべてのクラスを集めたもの』だから、最大のクラスだ。だから、いかなるクラスも含まなければならない。つまり、自分自身を含むはずだ。つまり、CはCを含む」
「そうである」
　まだ頭の中がまとまっていないボヤイ隊員は、そう答えるのが精一杯でした。
「一方、Cが最大のクラスであれば、これを含むいかなるクラスがあってはならないはずだ。したがって、CはCを含まない」
「むむむ…」
「以上より、CはCを含み、かつ、CはCを含まない…もうおわかりでしょう。クラスを全部集めたものをクラス

と仮定すると矛盾が生じるのです。つまり、『すべてのクラスの集まり』はクラスではないのです。では、集合でもないクラスでもない『すべてのクラスの集まり』を、公理的集合論では今後どのように扱うつもりなのですか？」

何ということでしょう。クラスから再びカントールのパラドックスが生じました。でも、それはそのはずです。集合の定義を「ものの集まり」にしたから、集合からカントールのパラドックスが生じました。だから、クラスの定義を同じく「ものの集まり」にしたら、まったく同じパラドックスが発生することは当然のことです。ボヤイ隊員は、がっかりしました。

◆ ペー素

それでも、ボヤイ隊員はクラスの概念を捨てたくはありません。
「集合とクラスは違うのである。集合から出てくるカントールのパラドックスと、クラスから出てくるカントールのパラドックスは、本質的には同じではないのである」
「どう違うの？」
「クラスから出てくるカントールのパラドックスは、見かけ上のパラドックスである」

論破されたからといって、簡単にあきらめるようなボヤイ隊員ではありません。あることをひらめいたボヤイ隊員は、正々堂々と胸を張って言いました。
「君たちは大きな勘違いをしている」
「何ですか？」
「集合は要素を集めたものであるが、クラスは要素を集めたものではないのである」
「は〜？」
「クラスは、ぺー素を集めたものである」
「ぺー素？」
「そうである。集合を拡張した概念がクラスであり、要素を拡張した概念がぺー素である。集合がクラスの一種であるように、要素はぺー素の一種である」
　なにやら怪しい拡張が行なわれ始めました。数学における拡張という行為は、いったいどこまで許されるのでしょうか？

「カントールのパラドックスは、集合と要素の関係から発生したのである。クラスとぺー素の関係からは、カントールのパラドックスなどは出てこないのである」
「どうしてですか？　説明してください」
「ああ、君たちが理解できるまで、何度でも説明してあげるのである」
　ボヤイ隊員は、大きく息を吸い込むと、一気に説明し始

めました。
「集合と要素は、含まれるか含まれないかが明確に決まっていなければならないのである。だから、すべての集合を集めた集合からはパラドックスが発生する。しかし、クラスとペー素の関係はもっとゆるいのである。だから、クラスとペー素は含まれるか含まれないかが決定しなくてもかまわないのである。よって、すべてのクラスを集めたクラスからカントールのパラドックスは出てこないのである。すべての固有クラスを集めたクラスからもカントールのパラドックスは出てこないのである。わかりましたであるか？」

　ボヤイ隊員は、クラスおよび固有クラスという概念から出てくるパラドックスを、新概念ペー素によってものの見事に封じ込めました。みんなは、機転のきくボヤイ隊員の賢さに感心しました。
　しかし、新しいパラドックスが発生するたびに、それを排除するさらに新しい概念を導入してくるボヤイ隊員の態度に、ヒデ先生は肩をすくめています。
　パラドックスの発生→パラドックスの封じ込め→パラドックスの発生→パラドックスの封じ込め→　…　公理的集合論のエネルギーは想像以上です。

　そのとき、サクくんが質問しました。

「無限クラスは、無限集合と固有クラスの2つに分けられるんだよね？」
「そうである」
「無限集合は、含む含まれないという帰属関係が明確なんだよね？」
「そうである」
「固有クラスは、含む含まれないという帰属関係が明確ではないんだよね？」
「そうである」
「では、この2つをあわせた無限クラスは、含む含まれないという帰属関係が明確なの？　それとも、不明確なの？」
　サクくんの質問は、クラスの概念にとどめを刺したようです。
「無限クラスの帰属関係が明確であると定義するならば、その中に帰属関係が不明確な固有クラスが含まれていることがおかしい。反対に、無限クラスの帰属関係が不明確であると定義するならば、その中に帰属関係が明確な無限集合が含まれていることがおかしい」
「無限クラスの帰属関係から矛盾が出てきたのだね〜」
「いや、そういう細かいことをいちいち考えないのが、クラスという概念の良いところである」
　ボヤイ隊員の答えは、段々と歯切れが悪くなってきました。

◆ 無限公理

　ヒデ先生は、ボヤイ隊員に言いました。
「公理的集合論は、クラスという概念を放棄しなければなりません」
「いえ、放棄する必要はないのである。新しくペー素を導入すれば、クラスは維持できる」
「あなたの考えたペー素はまだ認められていないのではないのですか？」
「地球に帰ったら、クラスや固有クラスからパラドックスが出てくることを報告する。そして、さっそく、ペー素の導入に向けて動き出したいと思うのである」
「他の数学者は、あなたの提案したペー素を認めてくれると思いますか？」
「もちろんである。認めなければ公理的集合論が崩壊するというのならば、否が応でも認めてくれるはずである」
　自信たっぷりに述べるボヤイ隊員に対して、ヒデ先生は首を横に振りました。

「公理的集合論は、クラス以外にも放棄しなければならない公理があります」
「そんな公理はないである」
「あります。それは無限公理です」
「無限公理は、公理的集合論の最も基本的な公理である。

これを捨てたら、公理的集合論はまったく成り立たなくなるのである」
「ボヤイ隊員、あなたは無限公理を知っていますか？」
　質問されたボヤイ隊員は、憤慨して詳しく説明を始めました。
「僕は君よりも地球数学を知っている。無限公理は、すべての自然数を集めた集合が無限集合として存在することを主張している。この無限公理には、いろいろな表現がある」

$\exists x\ (\phi \in x \land \forall y\ (y \in x \to y' \in x))$
$\exists x\ (\phi \in x \land \forall y\ (y \in x \to \{y\} \in x))$
$\exists x\ (\phi \in x \land \forall y\ (y \in x \to y \cup \{y\} \in x))$

　これら3つの論理式を書いたボヤイ隊員は、それ見たことかという顔をしています。そして、たまたま目が合ったサクくんに聞きました。
「君にはわかるかな？」
　サクくんは黙っています。
「これら3つの論理式に本質的な違いはないである。最初の1行目の論理式を説明してあげる。∃は存在の記号である。∃xは『集合xが存在する』という意味である。ϕは空集合の記号で、要素を何も含まない集合である。∈は『要素として含む』という記号である。だから、$\phi \in x$という記号は『集合xは空集合ϕを要素として含む』という意

味である。∀yは『すべての集合yについて』という意味である」
　説明はさらに続きます。
「y∈x→y'∈xは、集合yが集合xの要素ならば、その次の集合y'も集合xの要素になるという意味である」
　これで説明は終わりました。

　しかし、これだけで終わってしまった説明にサクくんは納得できません。
「無限公理の説明をこれで終わりにするのは解せません」
「僕の説明に文句があるのであるか？」
「あるさ」
「ほほう、君が本当に無限公理を理解しているかどうか、君の意見を聞こうじゃないかである」

　サクくんはサクくんで、独自の解釈を始めました。
「1行目の論理式は次の3つの意味を持っています」

（1）xが存在する。
（2）xはϕを含む。
（3）xがϕを含むならば、ϕ'をも含む。

「無限公理では、まず最初にxの存在を決めつけています」
「そのとおり、公理は単なる決めつけに過ぎないのである」

サクくんは一瞬、身体が硬くなりました。この言葉に拒絶反応を示したようです。しかし、そのまま続けます。
「次のカッコの中が x の持つ条件です。φ を x の要素とします。そして、その次のカッコの中は帰納的定義です。『φ が x の要素ならば、φ' も x の要素である』です。もちろん、この帰納的定義には終わりがないので、可能無限による定義です」
「確かに、これは帰納的定義である」
　ボヤイ隊員は、このサクくんの考えには同意しました。
「帰納的定義って？」
　ミーたんは、こう質問したコウちんを叱りました。
「もう少し勉強しなさいよ。帰納的定義くらい学校で習ったでしょう」
　ボヤイ隊員はコウちんに向かって言いました。
「いくらでも説明してあげる。かわいい坊やのためならである」
　コウちんは口をとんがらせました。
「帰納的定義とは、まず、最初の場合を定義する。次に、あるものがその定義を満たすとき、さらにそのものから 1 つ進めたものもその定義を満たすものとする。このような方法で行なう定義が、帰納的定義である。自然数を作る場合も、この帰納的定義が行なわれている」
　今度は、ボヤイ隊員は自然数の帰納的定義を説明し始めました。

（1） 1は自然数である。
（2） nが自然数ならば、nに1を加えたものも自然数である。
（3） 以上のようにして作られるもののみが自然数である。

「これが、自然数の帰納的定義です」
　コウちんはおとなしく聞いていますが、サクくんは話を自然数から無限公理に戻そうとしています。
「帰納的定義が可能無限によるものであれば、この定義は完結しません」
「だから何であるか？」
「自然数を全部作り終えることはありません」
「当たり前である」
「だから、自然数の数はどんどん増えていく一方です」
「当然である。だからなんですかである？」

◆ 無限公理の2つの解釈

「だったら、$y \in x \to y' \in x$ という方法で新たな要素を作り出すとき、『要素の数が増える』のだから、xは次のように変化する集合になります」

$$x = \{\phi\} \to \{\phi, \phi'\} \to \{\phi, \phi', \phi''\} \to \cdots$$

「どのように変化していくかというと、要素数が1個ずつ無限に増加して行く膨張する集合になります」
「無限に膨張していく集合？　何を言っているのだ、君は！」

今度は、ボヤイ隊員が納得できません。そんな隊員を説得しようと、サクくんは話を先に進めます。

「一方では、以下のような実無限による別解釈も可能です」

（1）xが存在する。
（2）xはϕを含む。
（3）xはϕ, ϕ', ϕ'', ϕ''', …を含む。

「このxは、無限の要素をすべて含み終わった次のような集合です」

$$x = \{\phi, \phi', \phi'', \cdots\}$$

「この場合、最後の…は実無限の意味で使われている記号です」

ミーたんは言いました。
「抽象的な記号列である論理式には、さまざまな解釈が可能だということね」

マユ先生もミーたんの意見には賛成です。

「無限公理も例外ではありません」
　ヒデ先生はさらに突っ込んで言いました。
「無限公理がたった１つの意味を持っていると思われがちだ。しかし、実は可能無限による解釈と実無限による解釈という２つの意味が存在している」
　サクくんも言いました。
「公理的集合論が実無限の解釈を持った無限公理を採用している事実に注目すべきさ」
　コウちんも言いました。
「論理式で書かれた無限公理の意味が１つでなければ、無限公理は命題ではないことになるよ〜」
　多勢に無勢、ボヤイ隊員は数で負けています。
「無限公理の意味は実無限だけで充分である。これが暗黙の約束である」
「そういう約束はガワナメ星ではしていません」
「地球でしているからいいのである」
「数学は宇宙で統一されなければならないという宇宙規則を忘れたのですか？」
　サクくんは、このごろやけに規則を守ります。
「宇宙にはたった１つの数学だけが存在するという意見には反対意見も多いのである。だから、この宇宙規則は見直されている」
「それは地球の話でしょう？　地球以外の星では、この宇宙規則をしっかり守っています」

どうやら、ガワナメ星ｖｓ地球の様相を呈してきました。

　コウちんは、自分の感じたことを素直に言いました。
「ユークリッド幾何学の平行線公理は、誰が考えても自明の理だよね〜。でも、公理的集合論の無限公理は自明の理ではないと思うよ〜」
「公理として無理があるというのであるか？」
「僕はそう思うよ〜」
「いいや、ユークリッド幾何学の平行線公理は自明ではないのである。無限公理も自明ではないのである」
「では、どの公理が自明なの？」
「自明の公理など存在しないのである。このような自明ではない公理からも数学を作ってよい、という保証を与えたのが形式主義である。この形式主義によって、『矛盾さえ証明されなければどんな理論を作ってもかまわない』という前世紀最大の学問の流れを作ることに成功したのである。これによって、地球の数学と物理学は爆発的に発展したのである」
「爆発ではなく、暴発じゃないの？」
　ヒデ先生は皮肉を言いました。
「そうよ、それは間違った学問の流れよ。ガワナメ星ではすでに、『矛盾が存在しているけれども、その矛盾が証明されない理論』の存在を確認できているわ」
「そんなはずはないのである」

「そんなはずあるわ。前世紀の地球は、『矛盾が証明されない』という概念と『矛盾が存在しない』という概念が、まだ混沌として使われていた古い時代だからね」

「何を言うかである。『矛盾が証明されない』と『矛盾が存在しない』は同じ意味である」

「いいえ、まったく違う意味よ」

「そうだよ、違うよ〜。胸ポケットの国語辞典を開いてごらんよ。『証明』と『存在』は異なった意味を持っているのを知らないの〜？ だから、今世紀からは地球でも『xが証明される』と『xが存在する』をきちんと分ける必要があるのだよ〜」

　幼い子供に核心を指摘されたボヤイ隊員は、苦虫を嚙み潰したような顔をしています。でも、言われたとおりに国語辞典を開いたところはさすがです。

◆ 実無限公理

「無限公理が命題ではないなど、現代数学をないがしろにする発想である。そんなことはあり得ないのである」

　ボヤイ隊員は、せっかく地球数学を教えてあげているのに、それを否定するヒデ先生を許せなくなりました。そして、公理的集合論の公理を再び説明して、ヒデ先生を納得させようとしました。

「公理的集合論の代表であるＺＦ集合論にはいくつかの公理がある。外延性公理、空集合の存在公理、対の公理、合併集合の公理、無限集合の公理、ベキ集合の公理、置換公理、正則性の公理などである」
「これに、選択公理を加えたものがＺＦＣ集合論ね」
「ほ〜、よく知っているね」
「私も地球の数学を勉強していたことがあるのよ。ちょっとだけどね」
　ボヤイ隊員はミーたんを見直しました。
「ところで、これらの公理がすべてなのかしら？　隠れている公理はないの？」
「いいところに目をつけたね、お嬢ちゃん。われわれも、新しい公理を模索しているのである」
　それに水をさしたのは、再びヒデ先生でした。
「新しい公理を探すのではなく、これらの公理の裏に隠されている最も基本的な公理に気がつくことが大事だ」
「その公理とはなんであるか？」
「実無限公理だ」
　ヒデ先生は、奇妙な言葉を使いました。
「実無限からなる無限集合が存在するという公理だ」
「そんな公理は存在しないである！」
「いいえ、あなたには見えないだけだ。これは、巧妙に隠された公理だ」
　そういって、ヒデ先生は実無限公理を書き出しました。

実無限公理：実無限による無限集合が存在する。
「記号で書くと次のような簡単な論理式になる」

　　$\exists x$

「xは、実無限にもとづく無限集合だ。意味を1つに絞るならば、これ以外の集合は無限集合ではないと明記すべきだ。そうすれば、可能無限にもとづく無限集合を排除できる」
　ボヤイ隊員は、数学から可能無限を排除することには大賛成です。
「可能無限を排除すれば、実無限を中心とした無限集合論と実無限を中心とした数学が優勢になるわ。地球の数学は、そのような歴史を一世紀近く歩んできたわ」
　ミーたんは、地球の数学史を述べました。ボヤイ隊員は、その歴史を正しかったと信じていますが、ヒデ先生は正反対の考え方を持っています。
「われわれは、書かれていない公理を読み取ることができる鋭い目を養わなければならない。ノワツキ学校では、私はそれを生徒たちに教えていきたいと思っている」

　実無限公理を採用して、その代わり、無限公理を削除したら、ＺＦ集合論はどうなってしまうのでしょうか？

◆ 連続体仮説

　ボヤイ隊員は、ＺＦ集合論が正しいこと信じています。しかし、ノワツキ学校ではこの集合論に疑問を持つ学生が次第に増えてきました。
　ミーたんはボヤイ隊員に聞きました。
「ＺＦ集合論からは連続体仮説が生まれてきます。もしＺＦ集合論が矛盾している数学理論ならば、連続体仮説はどのような扱いになるのですか？」
　ボヤイ隊員は、まずは連続体仮説を説明します。
「すべての自然数からなる集合Nは濃度 $\aleph_0$ を持つのである。すべての実数からなる集合Rは濃度 $\aleph_1$ を持つのである。区間縮小法を用いると、次の結論が得られる」

$$\aleph_0 < \aleph_1$$

「では、$\aleph_0$ と $\aleph_1$ の中間の濃度を持つ集合が存在するのであるか？　これが連続体問題である」

　　連続体問題：$\aleph_0$ と $\aleph_1$ の間に、中間の濃度が存在するのか？　それとも、存在しないのか？

「この問題に対して、そのような中間の濃度が存在しないとするのが連続体仮説である」

連続体仮説：$\aleph_0$と$\aleph_1$の間に、中間の濃度は存在しない。

「これは、大変に難しい問題である」
「でも…」
ヒデ先生は、この連続体仮説が命題ではないことを言おうとしています。
「ＺＦ集合論を数学理論と仮定し、連続体仮設を命題であると仮定します。さらに、下記のようにＡ，Ｂ，Ｃを設定し、これらもすべて命題であると仮定します」

A：ＺＦ集合論は無矛盾である。
B：ＺＦ集合論に連続体仮説を加えた理論は無矛盾である。
C：ＺＦ集合論に連続体仮説の否定を加えた理論は無矛盾である。

「ここで、Ｂが真の命題であるとします。すると、無矛盾な数学理論の命題はすべて真の命題だから、ＺＦ集合論の仮定と連続体仮説がすべて真の命題になります。次に、Ｃが真の命題であるとします。すると、ＺＦ集合論の仮定と連続体仮説の否定がすべて真の命題になります。これより、ＢとＣが同時に真になると、連続体仮説は真かつ偽の命題ということになり、矛盾が発生します」
「そんなことはない」

「そんなことはあるのです。これは背理法を形成していますから、ＢとＣが同時に真になることはありません。これより、次なる論理式は真です」

　　Ｂ∧Ｃ≡Ｏ（Ｏは恒偽命題の論理記号です）

「一方、地球では連続体仮説はＺＦ集合論から独立していることが証明されました」
「そのとおりである」
「どういうこと〜？」
　わからないコウちんが聞きました。
「A→BとA→Cが証明されたのである」
「A→BとA→Cとは、な〜に？」
「書いてみればわかるのである」

　　A→B：もしＺＦ集合論が無矛盾ならば、ＺＦ集合論に
　　　　　連続体仮説を加えても無矛盾である。
　　A→C：もしＺＦ集合論が無矛盾ならば、ＺＦ集合論に
　　　　　連続体仮説の否定を加えても無矛盾である。

「A→BとA→Cが証明されたならば、これらは２つとも真だよ〜。だったら、次の論理式も真だよね〜」

(A→B)∧(A→C)

「この論理式を変形してみようよ〜」
好奇心の旺盛なコウちんです。

$$(A→B)∧(A→C)$$
$$≡(¬A∨B)∧(¬A∨C)$$
$$≡¬A∨(B∧C)$$
$$≡¬A∨O$$
$$≡¬A$$

「¬Aも真になったよ〜」
「そうだ。そして、¬Aは次のような意味を持っているぞ」

ＺＦ集合論は矛盾している。

「ＺＦ集合論が矛盾していれば、そこにどんな仮定を加えても矛盾しているので、選択公理Ｃを加えても矛盾していることになる。これより、次なる結論も出てくるぞ」
ヒデ先生は、次から次へと結論を出していきます。

ＺＦＣ集合論は矛盾している。

「選択公理ってなあに〜？」

「選択公理とは、公理的集合論における公理の１つで、次のようなものだ」

有限集合に対する選択公理：
どれも空集合ではないｎ個の集合X_1, X_2, X_3, X_4, …, X_nがあるとき、おのおのの集合から１個ずつ要素を取り出してきて、それらを要素とする新しい集合を作ることができる。

「これは、良識的に考えても正しい公理だ。では、この有限集合に対する選択公理を無限集合に拡張してみよう」

無限集合に対する選択公理：
どれも空集合ではない無数の集合X_1, X_2, X_3, X_4, X_5, …があるとき、おのおのの集合から１個ずつ要素を取り出してきて、それらを要素とする新しい集合を作ることができる。

「この選択公理は大問題を抱えている。話が横道にそれたが、ＺＦ集合論もＺＦＣ集合論も矛盾していれば、次なる結論も出てくる」

公理的集合論は矛盾している。

「その後、連続体仮説と同じような性質を持ったものが次々と見つかっている」
「たとえば？」
マユ先生が口をはさみました。
「一般連続体仮説やV＝Lなどよ」
「？？？」
コウちんには、チンプンカンプンみたいでした。

◆ バナッハ・タルスキーのパラドックス

「ところで、無限集合に対する選択公理を認めるとバナッハ・タルスキーのパラドックスが発生してしまうことはご存知ですか？」
「もちろん知っている。でも、君はまだ地球数学をよく知らないようである。これは、本当はパラドックスではないのである」
「バナッハ・タルスキーのパラドックスとはな〜に？」
会話の途中に、またコウちんが入ってきました。ボヤイ隊員は、頭をかきかき、コウちんに説明を始めました。
「1つの球を有限個に分割してそれぞれを集めると、もとの球と同じ体積の球を2つ作ることができるという、良識ではとても考えられないことである」
「なるほど、だからパラドックスだね。パラドックスが出

てきたから、無限集合に対する選択公理は明らかに間違いだ〜」

　それを聞いていたヒデ先生は、コウちんの間違いを指摘しました。

「バナッハ・タルスキーのパラドックスを矛盾と考えて背理法を使うのは良い着眼点だ。しかし、それで選択公理を否定するのは早いぞ」

「どうして？」

「このパラドックスは選択公理を否定しているのではなく、**一段階飛び越えて、実無限を否定している**のだ」

「なんで？　どうして、飛び越えてしまうの？」

「選択公理はわりと良識的な公理である。だから否定する必要はない。それに対して実無限は怪しい仮定だ。否定するのならば、怪しい相手にすべきである」

「なるほど〜」

「でも、実無限も選択公理も正しいと考えるならば、バナッハ・タルスキーのパラドックスを正しいとして受け入れるしかない」

「正しいとして受け入れるとどうなるの〜？」

「パラドックスから、定理に昇格するだろう」

「え？　パラドックスが定理になったの？　名前が変わったの〜？」

「そうだ。誰にも認められないパラドックスから、誰もが認めざるを得ない定理になったのだ」

「ずいぶんと出世したわよね。バナッハ・タルスキーの定理か…　かっこいいわ」

　子供たちは、先日見たテレビ番組を思い出しました。それは、あるおばさんが会社のパート社員で入社して、その後、その会社の取締役社長に抜擢された話でした。

「パラドックスがパラドックスではなくなっただね〜」
「でも、どうみてもおかしいわ。やはり、これは定理じゃなくてパラドックスだと思うわ」
「それなら、こう考えればいいさ」
　サクくんは提案しました。
「公理的集合論では、バナッハ・タルスキーのパラドックス**はパラドックスであると同時に定理なのさ**」
「そんなのおかしいわよ」
「おかしいのは、公理的集合論のほうさ」
　サクくんの意見にボヤイ隊員は反論します。
「実無限も選択公理も正しいのである。だから、バナッハ・タルスキーのパラドックスは定理である。そのように考えてほしいのである」

　マユ先生は言いました。
「みんな、見落としていることはないの？」
　みんなはいっせいにマユ先生を見ました。

「なんだ？」
「無限集合に対する選択公理には、2種類の解釈があるのよ。それは、選択公理の中で扱われている無限集合を、実無限による無限集合と解釈するか、可能無限による無限集合論と解釈するかよ」

みんなは、あっと言って驚きました。ヒデ先生でも、ボヤイ隊員も驚きました。さすがマユ先生です。
「可能無限の選択公理は否定する必要はないわ。だから、バナッハ・タルスキーのパラドックスに背理法を適用するならば、選択公理を飛び越えておおもとの実無限を否定すればいいのよ。でも、この選択公理を実無限の無限集合の意味で使用しているならば、私たちは選択公理を否定しなければいけないのよ」

選択公理を否定することもできるし、選択公理を否定しないこともできるというマユ先生のアイデアは、無限が2つの意味で使用されていることに由来しているようです。

はたして、バナッハ・タルスキーのパラドックスはパラドックスでしょうか？　それとも定理でしょうか？　ヒデ先生は、視点を変えることを提案しました。
「では、ここで論理をまったく抜きにして、純粋な直感だけでとらえてみよう。次の文を、バナッハ・タルスキーと呼ぶことにしよう」

バナッハ・タルスキー：
　1つの球を有限個の部分に分割し、それらを変形させずにうまく組み替えることで、もとの球と全く同じもの（つまり体積がもとの球と同じ球）を2つ作ることができる。

「このバナッハ・タルスキーは、正しいか間違っているか？」
　コウちんは答えました。
「やっぱり内容はおかしいよ〜。受け入れられないよ〜」
　ミーたんも答えました。
「直感だけで判断するならば、バナッハ・タルスキーは明らかに間違いよ。やはり、バナッハ・タルスキーは定理ではなく、ただのパラドックスだと思うわ」

　この子らの反応を見て、マユ先生は直感の大切さを教えました。
「いいこと。この世の中は、論理が絶対ではないわ。論理的に行き詰ったら、直感で判断しなさい。もっと、自分の直感に素直になりなさい」
　ヒデ先生もつけ加えました。
「自分自身を信じなさい。心から感じたことをそのまま信じられなくなったら、自分に対する自信を失うだけだぞ」
　それをそばで聞いていたボヤイ隊員は、それを否定する

ように言います。
「何をいうか。これは数学ですでに決まったことである。いまさらバナッハ・タルスキーを定理からパラドックスに格下げはできないである」

間違った論理から子供たちを守るようにして、マユ先生は強く主張しました。
「いいえ、バナッハ・タルスキーのパラドックスは実無限に由来している本当の矛盾よ。定理なんかではないわ」

◆ ＺＦ集合論

ボヤイ隊員は憮然として聞きました。
「その他にＺＦ集合論が間違っている証拠はあるのであるか？」
「ある。ただし、これは確実な証拠ではなく、間接的な証拠だが…」

ヒデ先生は、少し消極的な態度で言いました。
「ＺＦ集合論が矛盾していれば、下記の命題はすべて真だ」

ＺＦ集合論が無矛盾であれば、ＺＦ集合論に選択公理を加えた理論も無矛盾である。

ＺＦ集合論が無矛盾であれば、ＺＦ集合論に選択公理の否定を加えた理論も無矛盾である。

ＺＦ集合論が無矛盾であれば、ＺＦ集合論に連続体仮説を加えた理論も無矛盾である。
　ＺＦ集合論が無矛盾であれば、ＺＦ集合論に連続体仮説の否定を加えた理論も無矛盾である。
　　　　︙

「地球では、これらはすべてＺＦ集合論から証明されている。だから、もうすでに真であることは当たり前である。いまさら、なにを言っているかである」
　ボヤイ隊員は、さらに詳しく説明します。
「選択公理はＺＦ集合論の他の公理から独立であることが証明されている。したがって、選択公理が正しいか正しくないかは無意味な議論である。正しいとしても正しくないとしても公理系としては矛盾をもたらさないのである。それぞれ、無矛盾な数学が展開できるからである」
　ボヤイ隊員は深呼吸を１つしました。
「選択公理を採用する公理系をＺＦＣ集合論と呼び、選択公理を採用しない公理系をＺＦ集合論と呼んで区別しているが、選択公理を採用するかどうかは、まったく個人の自由である」
「いいえ、私が言いたいのは、これからＺＦ集合論が矛盾しているという間接的な結論が出てくるということです」
「え〜？　そんなバカなである。いったいどういうことであるか？　証明を示してくれませんであるか？」

「いいですよ。まずは、XとYを次のように置きます」

　X：ＺＦ集合論は矛盾している。
　Y：ＺＦ集合論にＰを加えた理論は矛盾している。

「このとき、X→（¬X→¬Y）という命題を考えましょう。そのための真理値表を作ってみます」

X	Y	¬X→¬Y	X→（¬X→¬Y）
1	1	1	1
1	0	1	1
0	1	0	1
0	0	1	1

「これより、X→（¬X→¬Y）はトートロジーゆえに常に真です。これは、次のような意味を持っています」

ＺＦ集合論が矛盾しているならば、「ＺＦ集合論が無矛盾ならば、ＺＦ集合論にＰを加えた理論も無矛盾である」は真である。

「上記の文章でＰの内容は何でもかまいません。つまり、ＺＦ集合論が矛盾していれば、無矛盾と仮定されたＺＦ集合論に選択公理を加えようとその否定を加えようと、連続

体仮説を加えようとその否定を加えようと、すべて無矛盾であることになります」
　ボヤイ隊員は聞き直しました。
「ＺＦ集合論が矛盾していれば、すべての命題はＺＦ集合論から独立していることになるのであるか？」
「そういうことになるでしょう。だから、ＺＦ集合論から独立しているものが見つかれば見つかるほど、ＺＦ集合論が矛盾している可能性が高くなります」
「僕は、あなたが何を言いたいのか、さっぱりわかりません。数学や物理学に詳しい博士を呼んできますから、少しお待ちください」
　ボヤイ隊員は、見かけによらずきっちりとした性格の持ち主でした。

第6幕

カントールの区間縮小法

◆ 地球見学

　ＵＦＯに戻ろうとするボヤイ隊員に、コウちんはおねだりをしました。
「僕もＵＦＯに乗せて！」
　ボヤイ隊員は後ろ髪を引かれました。
「ねえ、ねえ、乗せてよ〜」
　子供好きのボヤイ隊員は、にんまりした顔をしています。
「よし、わかったである」
「おねえちゃんも行こうよ」
　いつの間にか、ミーたんの手を引っ張っていました。
「俺も行く」
　後からヒデ先生がついて行こうとしたとき、ミーたんは制止しました。
「大人気ないわ」
「ＵＦＯは狭いのである。だから、子供２人だけにしてくれないか？」
　ヒデ先生はしぶしぶ、ボヤイ隊員の言葉にしたがいました。

　子供たちがＵＦＯに乗り込んだ、そのときです。ＵＦＯ内に設置されてあったカプセルのうちの１つが開きました。中から、背伸びしながら大柄の人が起き出してきました。やはり、オレンジ色の制服を着ています。

「あ〜あ、よく寝たぞ」
「ロバチェフスキー隊長！」
　そういって、ボヤイ隊員は直立不動で敬礼をしました。
「今、何年だ？」
「２００９年です」
「そうか、任務は完了したか？」
「それが、その…　いいえ、もうすぐ完了です」
　ロバチェフスキー隊長は、大きな目で周りをぎょろぎょろ見渡しています。そして、２人の子供に気がつきました。
「なんだ、お前たちは？」
　ロバチェフスキー隊長はカプセルから飛び出してきました。
「なんで、子供が乗っているのだ！」
「いえ、乗りたいと言ったものですから…　つい、断りきれなくて…」
「そんなことだから、お前はいつまでも出世できないのだぞ」
「ロバさんとやら、ボヤさんをいじめちゃだめだよ〜」
「わしはロバではないぞ。余計な口出しをするな」
「だったら、僕たちは今すぐこのＵＦＯを降りてもいいんだよ〜」
「当然だぞ。ここは子供の遊び場ではないぞ。さあ、降りてくれ」
「でも、条件があるよ」

「なんだ」
「もしこのまま乗せてくれたら、カントールの区間縮小法が背理法ではないことを教えてあげるよ〜」
「教える？　何を言っているんだ。カントールの区間縮小法は立派な背理法だ。それは現代人としての常識だぞ」
　ミーたんは言いました。
「いいえ、カントールの区間縮小法は背理法ではないわ」
　ミーたんは、コウちんと同じくヒデ先生から聞きかじったことを述べました。
「何を根拠に、カントールの区間縮小法が背理法ではないというのだ？」
「じゃあ、まず飛び立ってね〜」
　ロバチェフスキー隊長もボヤイ隊員も、コウちんの発言がとても気になっています。ぜひ、その理由を知りたいと思っています。
「よし、じゃあ飛ばせてやるから、必ず教えてくれ」
「いいよ。出発、ゴー」

　ミーたんとコウちんの乗ったＵＦＯは、くるくると回転しながら上昇しました。操縦しているのはボヤイ隊員です。
「わー、すごい」
「さあ、飛び立ったから教えてくれ」
「いいよ、約束だからね。でも、その前にどこかに連れて行ってよ〜」

「なんて奴だ」
　そういったものの、ロバチェフスキー隊長も子供好きのようでした。
「わかったぞ。じゃあ、面白いものを見せてあげよう」

　ＵＦＯはすごい勢いで回転し出し、やがて光よりも速くくるくる回っています。すると、周囲の空間がゆがみ始め、不思議な気持ちになってきました。どうやら、回転エネルギーで時空のひずみ起こしているようです。周囲の景色が一変して、気がつくとあたりはまったく別の景色になっていました。

「ここは、１億年前のお前たちの星だぞ」
「えー！」
　コウちんはびっくりしました。
「おねえちゃん、恐竜だよ〜」
　すぐそばに、何頭もの巨大な恐竜がのっしのっしと歩いています。
「大変だよ。食べられちゃうよ〜」
「大丈夫だぞ。恐竜からはこのＵＦＯが見えないのだから」
「空を見て。真っ青な大空だわ。１億年前のガワナメ星って、こんなにもきれいだったのね」
「今もきれいだけれど、今よりもずっときれいだ〜。じゃあ、これから先、次第にもっと汚くなっていくのかなあ？」

「じゃあ、今度は１億年後に行ってみよう」
　ロバチェフスキー隊長は１億年後の未来のガワナメ星に行くように、指示を出しました。
「でも、何となく怖いわ」
「行ってみようよ〜」
　コウちんは、怖がりのくせに怖いもの知らずです。再び高速回転したＵＦＯは、今度は１億年後のガワナメ星に着きました。そこは、空気がとてもよどんでいます。あれほど発展した都市も見られません。
「おねえちゃん、大変だよ。ガワナメ星が汚くなっているよ〜　もっと大切に使おうよ〜」
　ミーたんもコウちんも、今のままではいけないと心から反省しました。
「僕、あしたから資源やエネルギーの無駄遣いをしないようにするよ〜」
「私もできるだけ、ゴミを出さないようにするわ」
「ガワナメ星の温暖化も大きな問題だよね〜」
「みんなで一緒になって努力しましょう」
　ロバチェフスキー隊長とボヤイ隊は、星を大切に使うことに目覚めた子供たちを笑顔で眺めています。

「ところで、地球も見たいな〜」
　隊長と隊員は、ぎくりとしました。
「見たいな。見たいな。見たいな〜」

駄々をこねているコウちんに、子供好きの２人は仕方なく地球に向かうことにしました。また、周囲の景色がどんどん変わっています。やがて、小さな星が見えてきました。その星は、宝石のように青く輝いています。
「あれが地球だよ」
「青くてきれいだね」
「もっと近づいてよ」
「だめだ。これ以上近づくと、地球のレーダーにとらえられてしまう。われわれは秘密の任務の遂行中だから、地球レーダーにひっかかると、サボっていることがばれちゃんだ」
「ちぇ、つまんないの〜」
「でも、地球を見ることができただけでも、とてもラッキーよ。ヒデ先生が知ったら、きっと卒倒しちゃうかもね」
「そうだね〜。大きな口をたたいているけれども、本当は大の地球ファンだもんね〜」
「もうこの辺でいいだろう。さあ、帰るぞ」

「あれ？　あれれ？　あれれれ？」
「どうした？」
「ロバチェフスキー隊長、うまく操縦できません」
「なんだと！」
「ワープ装置の故障のようです」
　ワープ装置の故障は、宇宙旅行にとっては致命的です。

ミーたんはガワナメ星に帰れるかどうか、急に心配になりました。でも、コウちんは窓から地球をずっと見ています。
「早く直せ」
「はい」
　汗だくのボヤイ隊員は、装置を分解し始めました。しかし、その手が汗でぬれているため、取り外したネジがぽろぽろと床に落ちました。ボヤイ隊員がそれを拾おうとすると、今度はまた別のネジどんどん落ちてきます。それを見たミーたんは気が遠くなりそうでしたが、コウちんは相変わらず地球を眺めています。

◆　**共通集合**

「そんなことよりも、さあ約束だぞ」
「なんの約束？」
「とぼけてもらってもらっちゃ困るぞぞぞ」
　ロバチェフスキー隊長は、首からぶら下げた器械をいじっています。
「ぞぞぞ…」
「だいじょうぶ？」
「だいじょうぶだぞぞ。カントールの区間縮小法が背理法ではないことを教えてくれる約束だぞぞ。さあ、教えてくれ」

「いいよ。カントールの区間縮小法の間違いを理解するためには、まずは、共通集合を理解する必要があるんだ〜」

コウちんは、ロバチェフスキー隊長に講義をし始めました。

「そんなのは基本だから知っているぞ」

「いえ、意外と知らないのよ」

ミーたんは釘を刺しました。ロバチェフスキー隊長は躍起になって言います。

「知っている。AとBが集合のとき、$A \cap B$が共通集合だぞ」

そういって、次のような式をメモ用紙に書きました。

$A \cap B = \{x : x \in A \land x \in B\}$

「これは、2つの集合AとBの両方に共通する要素だけを集めてできる集合だぞ」

「よくできたね」

「当たり前だぞ」

「じゃあ、$A_1, A_2, A_3, \cdots, A_n$の共通集合は？」

ロバチェフスキー隊長は、今度は次のように書きました。

$A_1 \cap A_2 \cap A_3 \cap \cdots \cap A_n$

「そうだよ。それでは、この集合の数を無限に大きくする

とどうなるの？」
「簡単だぞ」

$$\lim_{n\to\infty} A_1 \cap A_2 \cap A_3 \cap \cdots \cap A_n = A_1 \cap A_2 \cap A_3 \cap \cdots$$

「あれ？　最後の $\cap A_n$ が消えているよ」
「消すことによって、無限になったのだぞ」
「ということは、次なる式と同じなの？」

$$A_1 \cap A_2 \cap A_3 \cap \cdots \cap A_\infty$$

「まあ、同じようなもんだぞ」
「違うと思うわ」
「いや、同じだぞ。これは次のようにも書けるのだぞ」

$$\bigcap_{n=1}^{\infty} A_n$$

「これは、どういう意味なの？」
「A_1 から A_∞ までの共通集合だぞ」
「これは実無限の記号だから、問題のある表記だよ〜」
　でも、ロバチェフスキー隊長は問題があるとは思っていません。

◆ カントールの区間縮小法の秘密

「なんだ、カントールの区間縮小法はやっぱり問題ないぞ」
　改めてそう信じたロバチェフスキー隊長は、逆に、ミーたんたちにカントールの区間縮小法の説明を始めました。
「区間縮小法とは、次のようなものだぞ」

【区間縮小法】
　nを自然数とし、a_n, b_nを実数とする。数直線上の閉区間$I_n = [a_n, b_n]$が、次の条件を満たすものとする。

（1）任意のnに対して$I_n \supset I_{n+1}$を満たす。
（2）任意の正の実数εに対してある自然数mが存在し、$n \geq m$ならば$|a_n - b_n| < \varepsilon$が成り立つ。

　このとき、ある実数cがただ一つ存在し、次の式が成り立つ。

$$I_1 \cap I_2 \cap I_3 \cap I_4 \cap \cdots = \bigcap_{n=1}^{\infty} A_n = \{c\}$$

「この実数cこそが、まさに番号のつけられない余った実数だぞ。これで、納得できたかな？」
「いいえ」
「無理もない。もう少し説明してあげよう。（1）では、I_n

が I_{n+1} を真部分集合として含むことを述べている。これより、nが大きくなればなるほど、閉区間 I_n がどんどん小さくなっていくのだ。しかし、これだけでは0に向かって小さくなるとは言えないぞ。そこで、(2)が必要になる。これによって、閉区間の両端が無限に0に近づくのだ。そして、この2つによって、I_n という閉区間はどんどん点に近づくのだぞ」

ワープ装置を修理中のボヤイ隊員もつけ加えました。
「最後に、無限先で閉区間は点に変化するのである」

でも、床一面には大小不同のネジがたくさん散乱しています。
「閉区間って、線分でしょう?」
「そうだぞ」
「線分が無限先で点に化けるの?」
「そうだぞ」
「それって、実無限そのものじゃないの。だったら、カントールの区間縮小法も実無限による証明です。**もし線分を短くするという無限の操作が終わったら、線分は1つの点になる**という**終わった無限(実無限)**を採用しています」

「どこか、おかしいのか?」
「おかしいです。『任意のnに対して $I_n \supset I_{n+1}$ を満たす』より、次の式が成り立ちます」

$$I_1 \cap I_2 = I_2$$
$$I_1 \cap I_2 \cap I_3 = I_3$$
$$I_1 \cap I_2 \cap I_3 \cap I_4 = I_4$$
$$\vdots$$
$$I_1 \cap I_2 \cap I_3 \cap I_4 \cap \cdots \cap I_n = I_n$$
$$\vdots$$

「よく見てよ。左辺の最後の項と右辺の項は、いつも一致しているわ」

「あ、本当だぞ」

「可能無限の立場では『共通集合を作るという無限の操作は終わらない』から、下の概念は存在しません」

$$I_1 \cap I_2 \cap I_3 \cap I_4 \cap \cdots = \bigcap_{n=1}^{\infty} I_n$$

「だから、もし『無限の操作が終わったら』という偽の仮定を無理に採用するならば、次なる2つが真と考えても良いわ」

$$I_1 \cap I_2 \cap I_3 \cap I_4 \cap \cdots = \{c\}$$
$$I_1 \cap I_2 \cap I_3 \cap I_4 \cap \cdots \neq \{c\}$$

「誰も知らない架空の人物は、男と扱っても矛盾が出ないし、女と扱っても矛盾が出ないんだよ〜」

「関係ない話をするんじゃないぞ。確かに、可能無限では線分から点を作ることなどまったくできない。それを可能にしたのが実無限だから、実無限の発見は大発見なのだぞ」

「いいえ、実無限はカントールの区間縮小法で否定されます。ここで、もう一度、カントールの区間縮小法の全体像を振り返ってみましょう。現在の集合論は、まずAを仮定しています」

　仮定A：完結する無限は無限である。

「なぜならば、無限集合として完結した無限集合を扱っているからです。たとえば、すべての自然数の集合Nという場合、これはすべての自然数を残らず含み終わってしまった完結した無限集合です」
「当然だぞ。完結する無限は正しい無限だぞ」
「最後まで話を聞いてください。次に、Bを仮定しています」

　仮定B：すべての自然数の集合Nとすべての実数の集合
　　　　Rの間に、一対一対応が存在する。

「その結果、カントールの区間縮小法によって矛盾が出てきます。現在の集合論では仮定Bのみを否定しています」

「仮定を否定してどこが悪い？」
「でも、もっと目を大きく見開いてみてよ」
　ロバチェフスキー隊長は、できるだけ目を大きく開きました。
「そんなに大きな目で見ないでよ」
　ミーたんは気持ち悪がりました。
「出てきた矛盾は仮定Ａを否定している可能性があります。そこで、カントールの区間縮小法の論理全体をもう一度、よく見てみましょう。この証明は、一見して次のような背理法だと思われています」

　　$B \to \neg B$

「これが、カントールの区間縮小法に対する現在の数学の解釈だぞ。だから、一対一対応を否定できるのだぞ」

　　$B \to \neg B \equiv \neg B \lor \neg B \equiv \neg B$

「どうだ。文句あるか？」
「￢Ｂが得られたから、Ｂが偽だというわけね。つまり、一対一対応は存在しないと…。しかし、大きな視野から論理を見直してみると、次のような式になります」

　　$A \to (B \to \neg B)$

「この論理式を変形してみよう〜よ」

$$A \to (B \to \neg B)$$
$$\equiv A \to (\neg B \lor \neg B)$$
$$\equiv A \to \neg B$$
$$\equiv \neg A \lor \neg B$$

「これなら、仮定Aを否定しても良いし、仮定Bを否定しても良いことになるわ」
「これは次なる論理式と同値だ〜」

$$\neg A \triangledown (A \land \neg B)$$

「どうしてだ？」
「だって、真理値表を書いてみればわかるよ〜」

A	B	$\neg A \lor \neg B$	$\neg A \triangledown (A \land \neg B)$
1	1	0	0
1	0	1	1
0	1	1	1
0	0	1	1

$$\therefore \quad \neg A \lor \neg B \equiv \neg A \triangledown (A \land \neg B)$$

いつの間にか、コウちんは大きく成長していました。

「¬A▽（A∧¬B）はどういう意味なのだ？」
「『完結する無限は無限ではない』か、あるいは、『完結する無限は無限であり、かつ、完結する無限集合としてのNと完結する無限集合としてのRの間には一対一対応が存在しない』の、どちらか一方のみが真だという意味だよ〜」

　ロバチェフスキー隊長は、珍しく考え直しています。
「カントールの区間縮小法が間違った証明ならば、自然数と実数の濃度の違いはなくなるぞ」
「濃度の違いがなくなるのではなく、濃度という言葉そのものが消えてなくなるよ〜」
「その結果、$\aleph_0$ と $\aleph_1$ との間には中間の濃度が存在しないという連続体仮説は命題ではなくなるわよ」

　ミーたんの言うとおりです。カントールの区間縮小法が背理法でないならば、濃度という概念は生まれません。その結果、濃度が意味不明の単語となり、濃度という単語を含む文も意味不明の文になります。そのため、濃度を問題にしている連続体仮説そのものが意味をなさなくなります。これによって、下記のことが結論として出てきます。

連続体仮説は命題ではない。

「大変だ。カントールの区間縮小法が背理法ではないことを認めたら、連続体仮説は命題ではなくなってしまうぞ」
「地球の数学が根幹から変わってしいます。大パニックにおちいるかもしれません。隊長、どうしますか？　地球に報告しますか？」
　ロバチェフスキー隊長は、ボヤイ隊員に対して落ち着くように言いました。
「いや、地球を混乱させることはわれわれの任務には入っていないぞ。この話は聞かなかったことにしよう」

◆　知的トリック

「でも、不思議だ。いったい、カントールの区間縮小法のどこが間違っているというのか？」
「区間縮小法には、数列による表現と区間列による表現の２つがあるのよ。大雑把にいうと、数列による表現は可能無限による区間縮小法であり、区間列による表現が実無限による区間縮小法なのよ」
「なに、区間縮小法の解釈が２つあるというのか？」
　ロバチェフスキー隊長は、まったく考えていないようなことを子供に言われたので、驚いて飛び上がってしまいました。

ごつん！

　狭いＵＦＯなので、頭をしこたま天井にぶつけたようです。両手で頭を押さえて、しゃがみこんでしまいました。コウちんは、ロバチェフスキー隊長の頭をなでなでして言いました。
「痛いの〜　痛いの〜　遠くのお星様に、飛んでけ〜」

「これ見てよ」
　その間に、ミーたんは数式を書いていました。

$$\lim_{n \to \infty} a_n = \lim_{n \to \infty} b_n = c$$

「これは、可能無限による記号よ。nを無限に大きくしていくと、a_nやb_nは限りなくcに近づくのよ。でも決してcには一致しないの」
「そんなことはない。数学における等号は、一致するという意味を持った記号だ」
「普通はそうよ。でも、無限に関する場合は、一致しなくても便宜上、昔から使っている等号を転用しているの」
「等号の転用？」
「そうよ。次の等式を見てごらんなさい」

　$0.999999\cdots = 1$

第6幕　カントールの区間縮小法

$$\frac{1}{2} + \frac{1}{4} + \frac{1}{8} + \frac{1}{16} + \cdots = 1$$
$$\lim_{n \to \infty} n = \infty$$

「どこに問題があるのだ？」
「これらは本質的には等式じゃないのよ」
「なにを言っているのだぞ。イコールがあれば等式に決まっているぞ」
「違うわ。これらも、ちょっと見たところ等式に見えるけれども、等号の転用による見かけ上の等式よ。$1 + 1 = 2$とこれらの式とでは、イコールの意味がまったく異なっているのよ」
「等号には2つの使い方があったというのか…」
　ロバチェフスキー隊長は、意外なことを言われて戸惑っています。でも、コウちんは納得した顔をしています。
「僕はずっと昔から、$0.999999\cdots = 1$という式に疑問を持っていたけれども、今やっとわかったよ〜。このようなメカニズムだったのか〜」

「カントールの区間縮小法において可能無限を使用するならば、等号は次の式までしか使用できないのよ」

$$I_1 \cap I_2 \cap I_3 \cap I_4 \cap \cdots \cap I_n = I_n$$

「だから、次なる実無限の結論は間違いよ」

$$\lim_{n \to \infty} I_1 \cap I_2 \cap I_3 \cap I_4 \cap \cdots \cap I_n = \lim_{n \to \infty} I_n = \{c\}$$

「なぜならば、線分であるI_nをいくら短くしても、$\{c\}$という点には近づいていないからよ」

「なにを言っているのだ。点とは、線分を無限に短くしたものだぞ」

「いいえ、それは実無限によるとらえ方です。可能無限では、$I_1 \cap I_2 \cap I_3 \cap I_4 \cap \cdots$という共通集合は、そもそも存在しないのよ。どうしてかというと、これは無限に存在している集合$I_n = [a_n, b_n]$の共通集合をすべて作り終えたという完結した無限を用いているからよ」

「いや、そうではない。お前たちの言っていることはおかしい。実無限は素晴らしい概念であって、地球では誰もこれに反対していない」

「あら、そう？ $0.999999\cdots = 1$に疑問を持つ地球人はいないの？」

「疑問を持っているのはこれを始めて見た子供だけであって、この式を見慣れた大人は疑問を持っていない。だから、この式の正しさをいつも子供たちに説明してあげているのだぞ」

「子供たちは、ちゃんと理解しているの？」

「残念なことに、一部の子供は理解しないまま成人になっている。だから、どうして一部の子供だけがこの等式を受

け入れることができないのかが、数学教育の大きなテーマになっているのだぞ」

「残念なのは、これを受け入れて大人になる人のほうじゃないの？」

「なに？」

「その数学教育のテーマは、子供たちが持っている素朴な疑問の芽を摘み取り、子供たちの数学的才能を開花させるチャンスまでも奪っているのよ」

「そんなことはない。わが星の教育に誤りはない」

「いいえ、子供たちがちょっとでも疑問を持っているならば、式に問題があるかもしれないと考えたことはないの？」

「ないぞ。問題があるのはこの式を理解できない子供であって、この式には問題はない」

「違うわ。正反対よ。問題があるのはこの式であって、この式に疑問を抱く子供には問題はないわ。子供は『なぜ？』『どうして？』を連発する最高の哲学者よ」

「最高の哲学者は、わが星のリーマン博士であるぞ」

「誰？　それ」

「今眠っているから、紹介はできないぞ」

「なぜ、最高と言えるの？」

「すべてを悟っているから、もはや、『なぜ？』とか『どうして？』とか、疑問を発しないのだぞ」

「知的好奇心が失われているだけじゃないの？」

「失礼な！」

「では、下の2つの無限小数の違いはわかるの？」

　サイコロ小数＝2.346215…
　π＝3.141592…

「なんじゃ、こりゃ？」
「上のサイコロ小数は、サイコロを無限に振って出た目を順番に並べて作る無限小数です。これは、マユ先生の考案した無限小数です」
「マユ先生？　誰だ、それは？」
「私の先生です。その下のπは無理数という無限小数です。両者ともに、次なるkが存在します」

　小数第k位に対応する整数f（k）を知ることができたが、小数第（k＋1）位に対応する整数f（k＋1）をまだ知ることができない。

「同じような『知ることができない』という性質を持った無限小数でも、サイコロ小数とπには大きな違いがあります」
「どのような違いか？」
「知ることができない理由の違いです」
「理由の違い？」
「そうです。なぜ、整数f（k＋1）を知ることができない

のかというと、サイコロ小数ではまだ（k + 1）回目を振っていないからです。それに対して、πではまだ小数第（k + 1）位の値を計算していないからです」
「振っていないと計算していないの違いか？」
「そうです。f（k + 1）はサイコロ小数では確率で決定し、πでは計算して決定します。確率で次の整数が決まるような無限小数は、実数とは認められません。大事な点は以下の文に集約されています」

［0，1］という範囲の線分上にあるすべての無限小数をプロットしようとしたとき、カントールの区間縮小法を用いるとプロットできない無限小数が出てくる。しかし、その無限小数は実数ではない。

「カントールの区間縮小法は、数学史上最高傑作の知的トリックです～」
「そんな、バカな！」

◆ 数えることができる

「バカじゃないよ～」
「いや、お前たちはバカだ。カントールの区間縮小法を否定する者はバカだ。確かに、カントールの対角線論法は無

限小数を使っているから、お前たちの指摘した事実によって背理法ではない。しかし、区間縮小法は無限小数を使っていないぞ。だから、お前たちのように無限小数を用いてカントールの区間縮小法を否定することは間違っているぞ」

　ミーたんとコウちんは、この反論に答えることができません。

「カントールの区間縮小法とカントールの対角線論法は、本質的に違うのだ。カントールの対角線論法は背理法ではないが、カントールの区間縮小法は背理法だぞ」

「でも、無限に存在するものは決して数え終わらない、無限に存在するものは絶対に並べ終わらないは、まぎれもない事実だよ〜」

「そうよ。自然数も無数にあるので例外ではないわ。自然数もまた、数えることができないわ」

「お前たちは大きな勘違いをしていることが、まだわからんのか。実数の『数えることができない』と、自然数の『数えることができない』は意味が違うのだぞ」

「いったい、どう違うのですか？」

「一対一対応が存在するかどうかだぞ。すべての自然数の集合NとN自身の間には一対一対応が存在するが、Nとすべての実数の集合Rの間には一対一対応が存在しないぞ」

「つまり、あなたがたにとっては『数えることができる』という意味は、『数え続けることができる』という意味でも

ないし、『数え終わることができる』という意味でもないのね」
「当たり前だぞ。そんな低レベルの日常用語で数学は作られていないぞ。われわれにとっては、『無限集合Xの要素を数えることができる』ということは、『その無限集合XとNとの間に一対一対応が存在する』ことを指すのだぞ。これによって、あいまいな意味を持たない厳密な数学が展開されるんだぞ」

「でも、日常生活の言葉を軽蔑することは賢明じゃないわ。本当は日常用語も記号であり、数学で扱う論理記号や論理式も記号よ」
「そうだよ〜。日常用語と数学用語は対等だ〜」
「いいえ、もっと突っ込んで言うならば、日常用語のほうが優れているわ。論理記号で表されている内容を、こと細かに表現してきちんと理解するためにはなくてはならない存在よ。たとえば…」

$$\exists x\ (\phi \in x \land \forall y\ (y \in x \to y \cup \{y\} \in x))$$

「この論理式が命題ではないことを理解するためには、数学で使用されている記号だけでは不可能なのよ」
「そうだよ〜。日常生活の言葉の助けを借りなければ、これが非命題であることを見抜けないよ〜」

いつも、息の合った2人です。

記号の組み合わせが命題でないことを見抜くために必要な日常生活の言葉とは何でしょうか？ どうして、記号の組み合わせが非命題であることを、数学の記号だけで証明できないのでしょうか？

$1 < 2$ は記号であり、$\aleph_0 < \aleph_1$ も記号です。前者は命題ですが、後者は非命題です。これら命題と非命題を見分けることができるのも、私たちの持っている日常生活の言葉のおかげです。数学的証明を数学記号や数学用語だけで理解することには、限界があります。そして、この限界は**形式主義の限界**に他なりません。数学がヒルベルトの作り上げた形式主義から脱却できたとき、数学の新しい未来が開けてくるでしょう。

◆ 公理

「日常生活の言葉？ そんなあやふやな言葉で厳密な数学が築けると思うのか？ へそが茶を沸かすわ。わははは…」
コウちんは、そばにあったコンロの上のやかんを持ち、ロバチェフスキー隊長のお腹に当てました。
「アッチチチ… 何するねん、このちび助！」

あまりの熱さに、ロバチェフスキー隊長はまた、うずくまりました。
「危ないから戻しなさい」
「は〜い」
　コウちんは、やかんをコンロに戻しました。ＵＦＯは揺れているので、今にもひっくり返りそうです。ロバチェフスキー隊長は、おへそを押さえたまま這って行き、コンロのスイッチを切りました。

「公理とは、自明の理としての命題のことです」
　このミーたんの発言に、うちわでお腹をあおぎながらロバチェフスキー隊長は質問しました。
「自明の命題ってなんだ？」
　ミーたんは胸を張って答えました。
「直感的に見て明らかに正しいけれども、それを論理的に導き出す証明が存在しない命題です」
「そんなあやふやな定義は数学では認められないのだぞ。いいか、よく聞いてくれ、お嬢さん」
　ミーたんは一瞬、緊張しました。
「『直感的』とは何だ？　これを数学的に定義してくれ」
「え？」
「『明らかに正しい』とは何だ？　これも数学的に定義してくれないか」
「数学的に…　と言われても…」

「『論理的に導き出す』とはどういうことをいうのだ？」
「論理的に導き出すとは、論理的に導き出すことです」
「そんなのは答えではないぞ。『証明が存在しない』とはいったいどういうことだ？」

　矢継ぎ早に質問し続けます。
「『命題』とは何だ？」

　言葉の１つ１つの説明を求められたミーたんは、泣き出しそうになりました。ロバチェフスキー隊長は、勝ち誇ったような顔をしています。

　ミーたんは、これらの言葉を数学的に、かつ、厳密に定義することができません。そこで、言葉を変えて言ってみました。
「公理は、他の真の命題を証明する根拠にはなり得ますが、自分自身が正しいことを証明する他の真の命題が存在しない究極的な根拠としての命題です」
「じゃあ、『究極的な根拠』って何だ？　これを数学的に定義してほしい」

　ミーたんが日常用語で説明すればするほど、ロバチェフスキー隊長の質問が厳しくはね返ってきます。ミーたんの頬からは涙が一筋流れてきました。

　ロバチェフスキー隊長はそれでもやめません。
「公理は直感で作られるというのは、それこそお前の単な

る直感に過ぎない。公理は記号で書かれたただの論理式だ。公理には意味などないぞ」
「でも、意味がなければ真偽が定まりません。真偽が定まらなければ、命題ではありません。だから、無意味な公理は命題ではありません」
「いいや、公理なんかはどうでもいいのだ。公理はどうせ証明されないのだから、真でも偽でもかまわないぞ」
「かまわない？　じゃあ、いったい何が大事なのですか？」
「大事なのは定理だ。証明された以上は、定理は間違いなく真だぞ」
「公理の真偽は問わないけれども、その公理から出てきた定理が真だと断定するのはおかしいです」
「おかしくはない。公理は証明できないから、真だとは言えないだろう。しかし、定理は証明されて出てきたものだから、間違いなく真だぞ」
「だから、その定理は真偽を問わない公理から証明されただけでしょう？　だったら、定理も真偽を問えないはずです」
「お前もわからんちんだなあ」
「わからないのは私ではなく、ロバさんのほうです」
「俺はロバでもカバでもない」
　公理と定理をめぐって、わからんちん論争が始まりました。

◆ 公理の運命

「いいか、公理は証明できない。だから、信用できない。しかし、定理は証明されたものだ。だから、信用できるのだぞ」
「だから、その定理は公理から生まれたのでしょう？ 信用できないものから生まれたものを、どうして信用するの？」
　そういって、ミーたんは泣き出してしまいました。ロバチェフスキー隊長は困った顔をしています。

　コウちんはミーたんの肩を抱いて、反論を始めました。その姿はたくましく、まるで姉を守る戦士のようです。
「公理は公の理だよ〜。だから、万人が容易に納得できる意味を内容として持たなければならないはずだよ〜」
　ロバチェフスキー隊長は、ぎろりとコウちんを見ました。
「もともとの公理の意味は、証明ができない真の命題であることなんだ〜」
「お前もわからんちんの一人か。公理とは前提とされる命題のことだぞ。ただの仮定に過ぎないのだ。われわれにとっては、公理や定理が真であるか偽であるかは重要ではないぞ」
「だったら、定理は正しいなんて言わないで〜」
「やっぱりお前もわからんちんだったな。公理から結論と

して定理が導き出される過程こそが重要なんだぞ。これが真であれば、公理や定理なんかどうでもかまわないのだぞ。矛盾さえ起こさなければ、どんな公理を採用しようと自由である。そして、どんな定理を証明しようと自由であるぞ」

ネジを拾い集めながら、ボヤイ隊員も味方します。
「そうだ、数学は自由だ！」
でも、どのネジがどこのネジか、わからないようです。
「そんな無責任な自由は、本当の自由ではありません」
「そうだよ〜。そんな自由を認めたら、偽の命題を公理に採用する人たちがたくさん出てきてしまうよ〜」

「わからんちん、よく聞きなさい」
ロバチェフスキー隊長は、ミーたんとコウちんを納得させようと必死です。
「公理は真でも偽でもかまわないのだぞ。定理も真でも偽でもかまわないのだ。あるのは、証明の正しさだけだ。証明が真であれば、あとは何でもござれであるぞ」
「そんな無茶な…」
「もう一度言うぞ。数学を形式的にとらえ直し、同時に公理の概念も形式化した現在の数学では、公理とは記号で書かれたただの論理式にすぎない。その論理式から単なる形式的な記号操作で得られる論理式が定理だぞ」
さらに具体的な説明をします。
「たとえば、幾何学で扱う点とか直線とか平面は公理を満

たす単なる記号にすぎないので、まったく別の記号を用いてもよいのだぞ」

「別の記号って…？」

「点・直線・平面といった用語を使って公理を記述する代わりに、ビールジョッキ・テーブル・イスという用語を使ってもよい」

　なんという奇抜な発想でしょう。でも、それはすでにボヤイ隊員から聞いていたので、子供たちはあまりびっくりしませんでした。

「この置き換えを行うと、たとえば『平面上の平行でない2直線は1点で交わる』という命題は『イスの上にある平行でない2つのテーブルは1つのビールジョッキで交わる』という、みかけ上全く意味の無い命題になる。しかし、これも置き換え前と同じものなので両者は等価だと考える」

　この答えに、ミーたんは次第にわけのわからない数学になりそうだと感じています。

「等価？　等価って、数学的にどういう意味なの？」

　コウちんも、とんでもない数学が構築されることを心配し始めました。

「等価じゃないよ〜。置き換え前は真だけれども、置き換えた後は意味不明だから真偽を持たないよ〜」

「置き換え前も置き換え後も、真偽は議論しないのだ。それが形式主義だぞ」

「真偽を議論したくなった数学に、いったいどれだけの価

値があるの？」
　ミーたんの目からはもう涙は流れていません。

　コウちんは素直に言いました。
「真の命題には2種類あるよ〜。それは公理と定理だよ。定理は公理から証明される命題だよ〜」
　ミーたんも素直に言いました。
「公理は、他の公理からも定理からも証明されない命題だわ」
「そんな古い数学をいつまでも信じていてはいけないぞ」
　ロバチェフスキー隊長は諭します。
「公理は単なる仮定だから、真でも偽でもかまわないんだぞ。公理系をただのゲームと考えて、いろいろなゲームを楽しんだらどうだね」
「いいえ、公理は単なる仮定ではないわ。公理と仮定を明確に区別すべきです。仮定はあくまでも仮定であり、真の命題でも偽の命題でもかまいません。真の命題ならば無矛盾な理論が構築され、偽の命題ならば矛盾した理論が構築されるだけですから」
「そんな絵空事を誰が信じると思うのか？　お前たちの言っている公理は、太古の昔の公理だ。化石に笑われるぞ。その昔のそのまた昔、公理は特別で神聖な命題であったが、今では単なる仮定になり下がってしまったのだぞ」
「何か、社長から社員に格下げされた感じね」

ミーたんのたとえに、ロバチェフスキー隊長もたとえて返します。
「実際、そうだ。公理系という立派な会社を取り締まっていた社長から、数学理論という平凡な会社の平社員に降格されたのだ。これが公理の宿命だぞ」

　この数千年間に数奇な運命をたどってきた公理に対して、ミーたんとコウちんは哀れみを覚えました。公理が再び名誉を回復する日は、将来、本当にやって来るのでしょうか？

◆ **定理**

　話はまた振り出しに戻りました。
「大切なのは証明であって、定理でも公理ではないぞ」
「定理って何〜？」
「定理とは、公理を用いて証明される命題だぞ」
「公理は〜？」
「他の公理を用いても、定理を用いても証明されない命題だ。だから、ある公理から別の公理を導くことはできないぞ」
「どうして〜？」
「公理は、お互いに証明されない命題であるからだぞ」

「そんな条件はないはずだよ。おじさんは前に言ったよね。公理は単なる仮定であると…」
「言ったぞ」
「単なる仮定であれば、なんでもかまわないのだよね〜」
「もちろん、そうだぞ」
「すると、大きな矛盾が発生するよ〜」
「俺は何も矛盾は言っていないぞ」
「いいや、おじさんの発言は矛盾しているよ〜」
　コウちんは、ロバチェフスキー隊長の言った言葉を文にして、2つ書きました。

（1）公理は、単なる仮定とされる命題である。
（2）公理は、お互いに証明されない命題である。

「おじさんはこの2つを言ったのだよ〜。（1）は公理の完全に開放された条件だよ。これは、公理には条件がまったくないと言ってもいいよ。（2）は公理の非常に制約された条件だよ〜」
「だから？」
「（1）より公理は定理であってもかまわないんだよね。しかし、（2）より公理は定理であってはならないんだ。これは矛盾だよ〜」

　ロバチェフスキー隊長は、『公理は単なる仮定である』す

なわち、『公理としての条件はまったく必要ない』と言いながら、それと矛盾する『お互いに証明されない命題である』とか、『定理から証明されない命題である』という条件をつけています。幼いコウちんにこの矛盾を指摘された隊長は、苦し紛れにこう言いました。

「いや。公理は命題でなくてもかまわないのだ」
「だったら、公理から証明される定理も命題じゃないはずだよね〜」
「そうだ。公理も定理も、命題である必要などないぞ」
　両手にたくさんのネジを握りしめているボヤイ隊員は、これを聞いて我慢しきれずに横からちょこっと口を出しました。
「ロバチェフスキー隊長、いくらなんでもそれはまずいんじゃないんですか？」

◆ 公理の証明不可能性

　公理に対する考え方の矛盾を指摘されたロバチェフスキー隊長は、必死に話題を変えようとしました。
「お前たちは、公理は証明不可能であると言っているが、それこそ初歩的なミスだ。公理は証明可能だぞ」
「いいえ、公理は証明不可能よ」

話題を変えられたミーたんは、すぐに隊長の言葉を否定しました。
「いや、公理は証明可能だぞ」
「いいえ、公理は証明不可能よ」

　果たして、公理は証明可能なのでしょうか？　それとも、証明不可能なのでしょうか？　これによって、その後の数学には大きな違いが見られるようになります。

「公理が証明可能ならば、何から証明されるの〜？」
　コウちんは聞きました。コウちんは、もし証明可能であるならば、次なる３つの場合しか存在しないと思っています。

（１）自分自身から証明可能である。
（２）他の公理から証明可能である。
（３）定理から証明可能である。

　ロバチェフスキー隊長も同じように考えています。

「公理は他の公理から証明されない。これは、公理の原則だぞ」
「じゃあ、定理から証明されるの？　だから、証明可能だというの〜？」

「いや、違う。定理から証明されるものは再び定理であって、公理は定理からは証明されないぞ」
「だったら、公理が証明可能であるという理由は何なの？」
「そう、お前たちが考えているように、自分自身から証明可能であるのだぞ」

ミーたんもコウちんもびっくりしました。
「そんなの、おかしいよ〜」
「何がおかしい。自分自身から証明可能なのは、当然じゃないか」

そう言って、ロバチェフスキー隊長は真理値表を書き始めました。

P	P	P→P
1	1	1
0	0	1

「いいかい、PからPは常に証明されるのだ。P→Pがトートロジーであることを知れば、これは明らかな事実であることがわかろう。だから、Pは証明可能なのだぞ」

ミーたんは言いました。
「どのような命題でも自分自身から証明される、ということは否定していません。問題は、これを公理に適用することです」
「正しいことを公理に適用して、何が悪い」

ロバチェフスキー隊長は開き直りしました。
「任意の命題が、自分自身から証明されるのよ」
「そうだ、このどこに問題がある？」
「任意の命題とは、偽の命題も含むのよ」
「は？」
「偽の命題も、自分自身から証明されるよ〜」
「だから、何を言いたいのだ？」
「公理は偽の命題であってはならないのです。だから、偽の命題を許すような条件を公理に適用することは、間違いです」
　ミーたんとコウちんは、ロバチェフスキー隊長とにらみ合いました。
「どんな命題から証明可能であるのか？　という問いに対して『自分自身から証明可能である』という答えをしてはならないのです」
「いや、そうではない。公理が正しいことは、自分自身から証明されるのだ。これは当然のことだぞ」
「じゃあ、ユークリッド幾何学の平行線公理も証明可能ですか？」
「もちろんそうだ。俺は、それを証明したぞ」
「そんなことないわ。平行線公理は誰も証明できなかったはずよ。もしそれを証明したら、フィールズ賞ものよ」
「ふふふ」
　ロバチェフスキー隊長は不気味に笑いました。

「まさか…」

「そのまさかだよ。俺は地球に戻ったら、フィールズ賞を申請するつもりだ。ユークリッド幾何学の平行線公理は、ユークリッド幾何学の平行線公理から証明されるのだ。証明終わり。これでフィールズ賞はいただきだぞ」

　誰にも証明できなかった命題を証明したと豪語しているロバチェフスキー隊長に、ミーたんはあきれてものが言えませんでした。代わりにコウちんが言いました。

「公理は、自分自身以外のいかなる命題からも証明されないよ。もし賞をもらいたいのならば、自分自身を除いた他の命題から平行線公理を証明してね〜」

　でも、賞金に目がくらんだロバチェフスキー隊長の耳には、コウちんの言葉は届きませんでした。

◆ 公理の否定

「じゃあ、お前たちの考えている公理の証明が不可能であるとは、具体的にはどういうことなんだ？」

「では、具体的に説明します」

　ミーたんは説明を始めました。

「公理系 Z の公理5個を次のように設定したとします」

$$Z: E_1, \ E_2, \ E_3, \ E_4, \ E_5$$

「なぜ、5個なんだ?」

「いくつでもかまいません。ここでは、わかりやすいように5個にしました」

「まあ、いい。続けたまえ」

「『公理E_5を証明することはできない』とは『公理E_1, E_2, E_3, E_4から公理E_5を導き出す証明法が存在しない』という意味です。このように、公理系の公理がお互いに証明できないことは、公理系の本来の姿です」

「それには俺も反対しないぞ」

「では、AとBを下記のように置きます。そして、公理が命題であるとします」

　A：公理E_5は真の命題である。
　B：公理の否定$\neg E_5$は偽の命題である。

「AとBは同じだから、AとBは同値です。さらに、CとDを次のように置きます」

　C：Aを導き出す証明法が存在する。
　D：Bを導き出す証明法が存在する。

「AとBが同値のとき、『Aを導き出す証明法が存在するならば、Bを導き出す証明法が存在する』も真です。したがって、C→Dは真です」

ロバチェフスキー隊長はうなずいています。
「また、AとBが同値のとき、『Bを導き出す証明法が存在するならば、Aを導き出す証明法が存在する』も真です。これより、D→Cもまた真です。以上より、AとBが同値ならば、CとDもまた同値です。また、CとDが同値ならば、¬Cと¬Dも同値です。よって、AとBが同値ならば『Aを導き出す証明法が存在しない』と『Bを導き出す証明法が存在しない』も同値です」
　なにやら、こんがらがってきました。ロバチェフスキー隊長は必死に考え込んでいます。
「ところで、A（＝公理E_5は真の命題である）とB（＝公理の否定¬E_5は偽の命題である）は同値だから、『公理E_5が真であることを導き出す証明法が存在しない』と『公理の否定¬E_5が偽であることを導き出す証明法が存在しない』も同値になります」
　ミーたんは続けます。
「ここで、公理の性質上、公理E_5は他の公理からは証明されません。つまり、『公理E_5が真であることを導き出す証明法が存在しない』は真です。したがって、これと同値の『公理の否定¬E_5が偽であることを導き出す証明法が存在しない』も真です」
　ボヤイ隊員も必死に食らいついて考えています。
「ここで後者に注目します」
「どこに注目するのだ？」

「後者です」

ミーたんの説明のテンポは、相変わらず早いです。

「公理の否定$\neg E_5$が偽であることを導き出す証明法が存在しないならば、公理の否定$\neg E_5$を真と置いて矛盾を導き出すことができる背理法は存在しません。これより、次なる重要な結論が得られます」

E_5が公理であるならば、$\neg E_5$を仮定しても矛盾は証明されない。

「つまり、『公理は他の公理から証明されない』と定義すれば、公理を1個だけその否定に変えても矛盾は出てこないのです」

これはまだ地球上では知られていない結論であり、地球数学を根底からくつがえす内容です。でも、ロバチェフスキー隊長はあまり理解できなかったので、無視することを決め込みました。

ところで、公理系の公理を2個以上その否定に変えた場合はどうでしょうか？　矛盾が証明されて出てくるのでしょうか？　それとも、証明されて出てこないのでしょうか？

ヒデ先生はこの問題の研究を続けていますが、いまだに

その証明を見つけることができません。そこで、マユ先生の名前をとってきて、この問題を「マユ問題」と名づけました。みなさまがたも、是非、挑戦してみてください。

◆ 公理系

　理解できない証明から離れるため、ロバチェフスキー隊長は話題を公理系に変えました。
「公理系とは、公理と推論規則を合わせたものだぞ」
「定理は含まれないの〜？」
「定理などというものは公理系には含まれないぞ」
「それはおかしいわ。じゃあ、その公理系から証明された定理は、いったいどこに行ってしまうの？」
「定理は定理、いつでもそこに存在するぞ」
「はあ？」

「そもそも、すべての推論規則は論理記号の定義から証明されるよ〜。これって、推論規則も定理であることにならないの〜？」
「推論規則が定理ならば、ロバチェフスキー隊長さんの主張は『公理系とは、公理と定理を合わせたものである』になるわ」
「いや、俺はそんな主張はしてない。たとえ推論規則が証

明されても、それは公理からの証明でないので、定理という名前をつけることはできないぞ」
「定義から証明されたものは定理じゃないというのね。でも、定義も公理も公準も、本当は同レベルじゃないの？」
「そうだよ。公理と公準を分ける必要がないのならば、定義と公理も分ける必要はないよ〜」
　コウちんは大胆な発言をしています。
「そうすれば、推論規則は定理に含まれるよ〜」

　ミーたんは、公理系の再定義を提案しました。
「公理系は系という言葉がついているから、システムよ。公理と推論規則を合わせた小さなものではなく、もっと大きな体系なはずよ。定義も公理も推論規則も定理も、そして、それらの証明もすべて公理系を構成しているはずだわ。だから、もっと視点を変えたらどう？」
「変えたくない」
　ロバチェフスキー隊長はかたくなです。
「公理系は数学理論の一種です。数学理論の仮定がすべて公理（他の真の命題から証明されない最も単純な真の命題＝自明の理としての命題）であるとき、この数学理論を公理系と命名するのが一番すっきりしたやり方です」

　公理系を昔の姿に戻そうとしているミーたんは、隊長にどれほど理解してもらえるか心配でした。

◆ 公理系の命題

ミーたんは続けます。
「公理系で大切なことは、その公理系の扱う命題をはっきりさせることです。そこで、公理系を構成している命題を次のように帰納的に定義します」

【公理系を構成する命題】
（1）公理
（2）公理の否定
（3）公理から証明される定理
（4）定理の否定

「これら以外の命題は、この公理系の命題ではありません」
　ロバチェフスキー隊長は、めずらしく黙って聞いています。
「そして、**公理系を構成する命題**を**公理系の命題**あるいは**公理系に所属する命題**ないしは**公理系内部の命題**と呼ぶことにします。すると、命題も2つに分類されます」

【命題の分類】
（1）公理系に所属する命題
（2）公理系に所属しない命題

「ということは、公理系を設定するということは、無数に存在する命題を２分割することなのであるか。ふ〜ん」

ボヤイ隊員はネジを仕分けしながら、しきりと感心しています。

「このとき、公理系に所属しない命題をその公理系の公理から導くことはできません。つまり、公理系の外に存在する命題は、その公理系から独立している命題です」

「実に単純な発想だ」

ロバチェフスキー隊長も驚きました。

「しかし、あまりにも単純すぎて、私は受け入れられない。数学はもっと難しくあるべきだ」

「複雑なのがお好きね」

「そのほうが深遠で魅力的だぞ」

「いいえ、数学は単純なほうが魅力的よ」

ミーたんも頑として譲りません。

「いいや、数学理論が魅力的なのは、誰もそれを理解できないところにあるんだぞ」

「いいえ、それは本当の意味での魅力的ではなく、ただの神秘的なだけじゃないの？」

「そうとも言う」

　はたして、理論というものは理解しやすい方が魅力的なのでしょうか？　それとも、わからない方が魅力的なのでしょうか？

◆ 公理系の無矛盾性

「ここで、公理系の無矛盾性を証明します」
　ミーたんは、神秘のベールをどんどんはがしていきます。
「公理系は、以下のような命題から構成されています」

（1）公理
（2）公理の否定
（3）公理から証明される定理
（4）定理の否定

「公理はその定義からすべて真の命題です。したがって、公理の否定はすべて偽の命題です」
「定理はすべて真の命題だよ。これより、定理の否定はすべて偽の命題だよ～」
　2人は順番に言いました。
「この公理系の任意の命題をPとします。Pは、（1）から（4）のうちのいずれかです。したがって、Pは矛盾していません」
「どうしてだ？」
「だって、矛盾とは真であると同時に偽であることよ。これら公理系を構成している命題は、いずれも真の命題であるか、偽の命題であるかのどちらかだわ。これより、次なる結論が出てきます」

いかなる公理系も無矛盾である。

あまりにも単純な証明に、ロバチェフスキー隊長もボヤイ隊員もあきれてしまいました。

◆ 公理1個の公理系

逆に単純すぎて、ロバチェフスキー隊長はこの証明を認めません。
「矛盾している公理系は絶対に存在するぞ」
「存在するというのならば、その具体例を挙げてほしいわ」
「矛盾している公理系とは、公理系を構成している公理がお互いに矛盾していることだぞ」
ロバチェフスキー隊長は、ミーたんに対して頑として自説を譲りません。そこで、ミーたんは提案しました。

「では、ここで簡単な公理系について考えてみましょう」

公理系 $Z : E_1, E_2$

「この公理系 Z は、たった2個の公理を有します」
ロバチェフスキー隊長はすぐに反応しました。

「この公理系が矛盾しているとは、E_1 と E_2 がお互いに矛盾していることだ。そして、お互いに矛盾しているとは、この2つから矛盾を導き出す証明が存在することだぞ」

ミーたんは切り返しました。

「では、公理系 Z から1個の公理を削除した公理系はどうですか？ つまり、次のような公理系です」

公理系 $Z-E_1$ ：E_2
公理系 $Z-E_2$ ：E_1

「公理系 $Z-E_1$ は、公理系 Z から公理 E_1 を除いた公理系であり、公理を1個しか持ちません。その公理は E_2 です」

次に、コウちんも言いました。

「公理系 $Z-E_2$ は、公理系 Z から公理 E_2 を除いた公理系であり、公理を1個しか持たないよ。その公理は E_1 だよ〜」

「**公理系が矛盾していることの定義を、公理がお互いに矛盾している**ことにしてしまうと、とんでもないことが起こるわ」

「そんなことはないぞ」

「どんなことかまだ聞かないうちに、よくわかるわね」

ミーたんは皮肉を言いました。ロバチェフスキー隊長は、一応、聞くことにしました。

「このような公理を1個しか持たない公理系は、否定する

相手がいないから、どんな公理を置こうとすべて無矛盾になってしまうのよ」

しばらく考え込んでいたロバチェフスキー隊長は、重い口調で言いました。

「よくわかったな。これこそが、誰でも簡単に作れる無矛盾な公理系だぞ」

「とんでもないことの意味がまだわかっていないみたいね」

実際、ロバチェフスキー隊長はまだわかっていませんでした。

「世の中をたった1つの原理で説明する数学理論や物理理論は、すべて認められることになるのよ」

「これは異常事態だよね〜」

ロバチェフスキー隊長は、この異常事態を別のことに使いたいようです。

「いいや、これで宇宙の謎を解くことができるようになるであろう。たった1個の命題ですべての謎が解ける夢の理論だぞ。かのアインシュタインでさえ、作れなかった理論だ」

◆ 公理系の無矛盾性の証明不可能性

「宇宙の謎を解くときに、矛盾した数学理論や矛盾した物理理論を用いることはご法度よ」

「だから、公理 1 個の理論を用いればいいのだ。公理 1 個の公理系は、必ずや無矛盾なのだからな。お前が今、それを証明したではないか」

「私はロバチェフスキー隊長の定義にしたがって、否定する相手がいない公理系は無矛盾であることを証明しただけです」

「ふふふ、お前の証明能力が高いことは認める。ついでに、公理系の内部で、その公理系の無矛盾性を証明することができるかどうかを明らかにしてくれないかな？」

　これは、ロバチェフスキー隊長からミーたんへの挑戦状でしょうか？

　ミーたんは、この挑戦状を受け取りました。

「わかったわ。何とか証明してみます。公理系の無矛盾性の証明は、その公理がすべて真であることを証明することに還元できるわ」

「おねえちゃん。『公理系 Z は無矛盾である』と『公理系 Z の公理はすべて真の命題である』が同値であることを使うつもりなの～？」

「そのつもりよ。公理系が無矛盾であると証明するためには、公理系内部で『公理はすべて真の命題である』を証明すればいいことになるわ」

「でも、それはヒデ先生の伝家の宝刀じゃないの～」

「ちょっと借りるだけよ」

いよいよ、証明が始まります。
「公理系Zの公理5個を次のように設定したとします」

　　$Z : E_1, E_2, E_3, E_4, E_5$

「また5個か…」
「黙って聞いてよ～」
「はいはい、わかりましたぞ」
「公理$E_1, E_2, E_3, …, E_n$の1つをE_kとします。
　E_kは、他の公理（$E_1, E_2, E_3, …, E_n$からE_kを除いたもの）からは証明されません。これは、公理の定義から明らかです。どの公理も真であることは証明されないのだから、この公理系が無矛盾であることも証明されません」
「それから？」
　ロバチェフスキー隊長は、その先を聞きました。
「もう、終わりよ」
「なに？　これから証明が始まるのではないのか？」
「いえ、もう終わったわ」
「つまり、公理系の無矛盾性は公理系内部では証明できないのだよ～」
　コウちんは、次のようにつぶやきました。

公理系の無矛盾性は、公理系内部では証明できない。

これは、ゲーデルの第2不完全性定理の内容とたまたま同一です。カントールの対角線論法という間違った証明から正しい結論が出てくるという事実を、皮肉にもゲーデルが証明したことになります。

　しかし、ロバチェフスキー隊長はまだ首をひねっています。そこで、子供たちはもっとわかりやすい証明を試みました。

「次のように置くよ〜」

　A：公理系Zは無矛盾である。
　B：公理系Zの公理はすべて真の命題である。

「AとBは同値だから、Aを証明したいときはBを証明すればいいのだよ〜」
「でも、Bは公理系Zの中では証明できないの。だって、公理が真であることは証明不可能なのだからね」
「つまり、公理系の無矛盾性は公理系内部では証明できないのだよ〜」
　コウちんは、まったく同じことを繰り返しました。

◆ 公理系の完全性

「次に、公理系の完全性を証明します」

ミーたんは、いったいどこまで神秘のベールをはがすつもりなのでしょうか？

「公理系の公理をE_1, E_2, E_3, …, E_nとします。公理から証明される定理をT_1, T_2, T_3, T_4, …とします。このときの証明として、背理法も認めます。すると、この公理系を構成する命題は下記の4種類になります」

（1）公理　　　E_1, E_2, E_3, …, E_n
（2）公理の否定　$\neg E_1$, $\neg E_2$, $\neg E_3$, …, $\neg E_n$
（3）定理　　　T_1, T_2, T_3, T_4, …
（4）定理の否定　$\neg T_1$, $\neg T_2$, $\neg T_3$, $\neg T_4$, …

「公理E_1, E_2, E_3, …, E_nの1つをE_kとします。

E_kは、他の公理（E_1, E_2, E_3, …, E_nからE_kを除いたもの）からは証明されません。また、公理の否定である$\neg E_k$も、他の公理からは証明されません。その理由は、**偽の命題は、真の命題からは証明されない**からです」

ロバチェフスキー隊長は、本当に公理系の完全性が証明されるのか疑問を抱いています。

「次に、定理の1つをT_kとします。T_kは、その定義によ

って公理E_1, E_2, E_3, …, E_nから証明されます。しかし、定理の否定である¬T_kは、公理からは証明されません。その理由は、公理の否定の場合と同じです。偽の命題は真の命題からは証明されないからです。以上をまとめてみます」

（1）公理…………（他の公理から）証明されない命題
（2）公理の否定…（公理から）証明されない命題
（3）定理…………（公理から）証明される命題
（4）定理の否定…（公理から）証明されない命題

「ここで、公理系の任意の命題をPと置きます。公理とその否定は例外ですから、Pはそれ以外の命題とします。すると、Pは定理か定理の否定のどちらかになります。これより、Pが証明されれば¬Pは証明されず、Pが証明されなければ、¬Pが証明されます。これより、次なる結論が出てきます」

いかなる公理系も完全である。

「なるほど。でも、これには条件が必要なんだよね〜」
「そうよ。この完全性の証明の条件とは、**公理と公理の否定を除いている**ということよ」
　あまりにも単純明快な証明と結論を目の前にして、ロバ

チェフスキー隊長もボヤイ隊員も、どうしようかと迷っています。

「ヒルベルト計画の完了か…　しかし、この計画は、ゲーデルの不完全性定理によって完全崩壊したはずだ。それが、どうしていまさら実行されるはめになったのだ？」

　ヒルベルト計画（ヒルベルト・プログラム）とは、公理系の無矛盾性と完全性を証明しようという、地球数学における前世紀最大のテーマでした。

◆　独立命題

　ロバチェフスキー隊長は、いいことを思いつきました。
「地球の数学とガワナメ星の数学は何も同じでなくてもかまわないのだ。それぞれが、独立した数学でいいのだぞ」
「独立した命題なら聞いたことがあるけれども、数学が独立しているとは、いったいどういうことかしら？」
「独立した数学が理解できないのか？」
「理解できません」
「独立した命題は理解できるか？」
「説明していただけないでしょうか？」
　ミーたんは穏やかに聞きました。

ロバチェフスキー隊長は、しかたがないなという顔で答え始めました。
「ある公理系Zがあり、ある命題Pがあるとする。ZからPを導き出す証明が存在せず、また、￢Pを導き出す証明も存在しないとき、この命題Pは公理系Zから独立しているというのだ。このとき、命題Pのことを独立命題ともいうぞ」
「独立命題Pの真偽は、公理系Zで決定することが不可能なんだね〜」
「そうだ。わかったか？」
「わかったよ。その独立命題とは、主に公理系Zの外にある命題だよ〜」
「公理系の外？　なんだそれは？　そんな概念は地球には存在しないぞ」
　そこで、ミーたんはヒデ先生に教えてもらったことを話し始めました。

「公理系の公理を E_1, E_2, E_3, $\cdots$, E_n とします。公理から証明される定理を T_1, T_2, T_3, T_4, $\cdots$ とします。このときの証明として、背理法も認めます。すると、この公理系を構成する命題は下記の4種類になります」
　ミーたんはまた、同じ説明を始めました。よほど、これが気に入ったのでしょうか？

（1）公理　$E_1, E_2, E_3, \cdots, E_n$
（2）公理の否定　$\neg E_1, \neg E_2, \neg E_3, \cdots, \neg E_n$
（3）定理　$T_1, T_2, T_3, T_4, \cdots$
（4）定理の否定　$\neg T_1, \neg T_2, \neg T_3, \neg T_4, \cdots$

「これ以外の命題は、公理系に所属しない命題です。公理系に所属しない命題は、公理から導くことはできません。公理系に所属しない命題の否定も、公理から導くことはできません」
「すると、公理系に所属しない命題は、その公理系から独立しているというのか？」
「そうです。だから、独立命題と決定不能命題はほぼ同じです」

「そんなものは認められない。独立命題は別の方法で判断するのだぞ」
「じゃあ、地球では独立しているか独立していないかは、どうやって判断するの？」
「ある公理系の中の一つの公理が他の公理から独立であることを示す方法は、その公理だけを成り立たせず他をすべて成り立たせるモデルを作ればよいのだぞ」
「なにそれ？」
「これが理解できないのか？」

そこで、ミーたんは聞きました。
「独立した命題には、どんなものがあるの？ 具体例をあげてください」
「平行線公理だ。平行線公理は、ユークリッド幾何学の他の公理から独立しているぞ」
「平行線公理が独立であることはどうやって証明されたの？」
「モデルを作ったのだぞ」
「どんなモデル？」
「非ユークリッド幾何学のモデルだ。たとえば、5個の公理を持つユークリッド幾何学を考えてみよう」

ユークリッド幾何学：E_1，E_2，E_3，E_4，E_5

「次に、最後のE_5だけを否定$\neg E_5$に変えてみるぞ」

非ユークリッド幾何学：E_1，E_2，E_3，E_4，$\neg E_5$

「今度は、この5個の仮定を満たすモデルを作るのだ。そして、このモデルが作られたら、E_5は他の公理E_1，E_2，E_3，E_4からその真偽を決定することができない独立した命題なんだぞ」
「ふ〜ん」
「なにか疑問でもあるかな？」

「あるよ。モデルが作られると、どうして独立だとわかるの〜？」
「非ユークリッド幾何学は￢E_5が成り立つモデルだぞ。その他の公理は同一だから、もし非ユークリッド幾何学に矛盾があれば、ユークリッド幾何学にも矛盾が存在することになるぞ」
「どうして？」
「それは、数学の常識だぞ」
「その常識を教えてほしいの。どうして、非ユークリッド幾何学から矛盾が証明されるならば、ユークリッド幾何学からも矛盾が証明されるの？」
「自分で考えなさい」
「考えてもわからないから聞いているんだよ〜」
「どうして、非ユークリッド幾何学から矛盾が証明されると、ユークリッド幾何学からも矛盾が証明されるの？　どうして〜？」
「しつこいガキだな」
「ねえ、教えてよ。モデルが作られると、どうして独立しているの〜？」
　そのとき、ボヤイ隊員は言いました。
「ロバチェフスキー隊長、ワープ装置がなんとか直りました。たぶん、うまく操縦できそうです」

　ミーたんは飛び上がって喜びました。コウちんも喜びの

あまり、一緒になって踊り回っています。
　動き出したUFOは、あっという間にガワナメ星に戻ってきました。よかった、よかった。

第7幕

地球への帰還

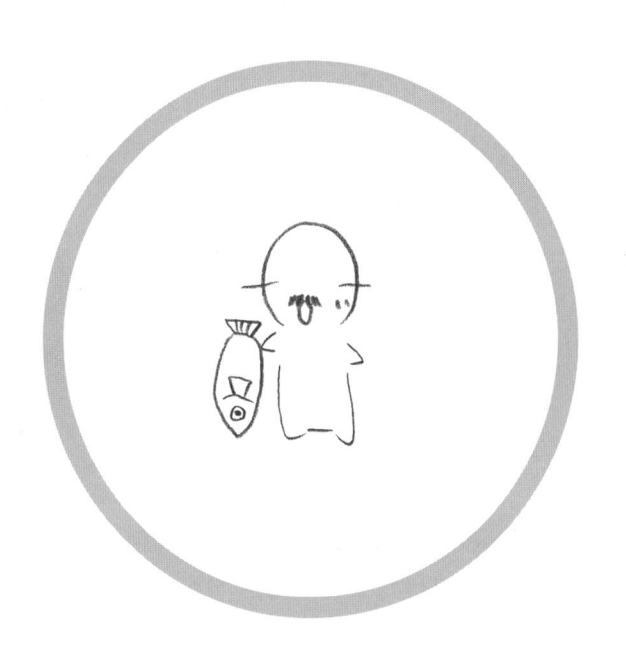

◆ お出迎え

　ＵＦＯは、みんなの待っている闇の湖のそばに着陸しました。

　どすん

　着陸というよりも、落ちたという感じでした。
「おまえ、運転がへただな」
　ＵＦＯ内でひっくり返ったみんなは、ボヤイ隊員を責めました。ボヤイ隊員は困った顔をしています。
「おかしいなあ。ＵＦＯの調子がいまいちです」
　確かに、最初にＵＦＯが出現したときはスムーズな着陸でした。
「お前、ワープ装置を分解したとき、ちゃんと組み立てたのか？」
「そういえば、ネジが１個足りなかったのである」
「なにー！　こんなＵＦＯで、地球に帰還できるのか？」
「たぶん、できるのである、ある」
　また、ボヤイ隊員は首からぶら下げた器械をいじくりだしました。そのとき、船内にあった残りのカプセルが着陸の衝撃で自動的に開きました。中から、またおじさんが出てきました。
「頭が痛い…　まだ眠いのに…　めまいがする」

「起こしてすみません。リーマン博士」
「おはようございます。リーマン博士」
　ロバチェフスキー隊長からもそう呼ばれた男は、カプセルの外に出てくるなり、ふらつきました。そして、ミーたんの体にぶつかりました。
「痛い！」
「おぬしは誰だ？」
　丸いめがねをかけたリーマン博士は、細い目を大きく開いて聞きました。
「ミーたんです」
「僕、コウちん」
「ここはどこだ？」
「ガワナメ星です。ちょっと立ち寄ったのです」
「？なぜ？」
「花火がきれいだったもんで…」
「？どうして、子供が乗っている？」
　次から次へと、なぜ？　どうして？　を繰り返す質問が出てきますが、ＵＦＯ内の会話が聞こえなくなるほど、なにやら外が騒がしくなってきています。
「お〜い」
「お帰り〜」
「心配したよ〜」
「ミーたん、コウちん、元気か〜」
「顔を見せてー」

「ロバチェフスキー隊長、リーマン博士。まずはＵＦＯから降りましょう。事情は後で話します」
　地球人たち全員と一緒に、ミーたんとコウちんはＵＦＯから出ました。

「もう、地球に連れ去られたのかと思って、心配したよ」
「宇宙警察に捜索願いを出しに行こうと思っていたんだ」
「ごめんなさい」
「地球には実際に行ってきたよ〜。上陸しなかったけれどもね〜」
「なに、本当か？　俺も行きたかったなあ」
　ヒデ先生は悔しがりました。そのとき、マユ先生は気がつきました。
「あら、おじさんが２人も増えているわね」
「ロバチェフスキー隊長です。よろしく」
「リーマン博士です」
「どうぞ、よろしくお願いいたします」

「私は地球数学を研究しているヒデ先生と申します」
　ヒデ先生は一歩前に出て、自作のイラスト入りの名刺を差し出しました。
「隣にいるのは家内のマユ先生です。その隣は、教え子のサクくんです」
「よろしくさ〜」

サクくんは、乱暴な言葉を使いました。どうやら、あまり地球人を好ましく思っていないようです。そんなサクくんの隣で、コウちんはＵＦＯで体験したことをぺらぺらみんなにしゃべっています。

◆　ユークリッド幾何学

　そんなコウちんを押しのけて、ヒデ先生はリーマン博士に数学を教えてほしいと、またもや頼みました。
「あなたは、どれくらい地球数学を勉強しましたか？」
「たくさん勉強しました。たとえば、今から２千年前、地球人のユークリッドという人が幾何学を集大成した原論という本を書きました」
「それ、本当なの〜？」
「夢でも見たんじゃないの？」
　ミーたんもコウちんも疑問を持っています。
「そんなことない。ユークリッド幾何学は最初に、点や線などの基礎的な概念を定義しているんだ。次に、その基礎的概念を用いて公準や公理を作り、それらを用いた証明を重ねて定理を導き出して行く。こうして作られた幾何学は、やがてユークリッド幾何学と呼ばれる公理系になった」
　リーマン博士は、その勉強振りに驚きました。
「そのとおりだ。ユークリッドの原論では、いくつかの定

義と次のような5個の公理と5個の公準が設定されている」

【5個の公理】
（1）同じものと等しいものはお互いに等しい。
（2）同じものに同じものを加えた場合、その合計は等しい。
（3）同じものから同じものを引いた場合、その残りは等しい。
（4）お互いに一致するものは、お互いに等しい。
（5）全体は部分よりも大きい。

【5個の公準】
（1）任意の点から他の任意の点に直線を引くことができる。
（2）線分をまっすぐ延長すれば直線になる。
（3）任意の点を中心として、任意の半径で円を描くことができる。
（4）すべての直角はお互いに等しい。
（5）1本の線分が2本の線分と交わり、同じ側の内角の和が2直角（直角の2倍の角度）より小さいならば、その2本の線分を限りなく延長すると2直角より小さい角のある側において交わる。

「現在、公準も公理も同じと解釈されている。そのため、

今では5番目の公準を第5公理と一般的に呼んでいるのだ」
　リーマン博士は、首を動かしてコキコキ鳴らしています。
「ユークリッド幾何学は、いうなれば直感的に納得できる幾何学である。直線はどこまでも伸ばせるはずであるし、平面はどこまでも平らな面である。また、平行線はどこまでも平行に伸びるのだ。何か疑問はある？」
「あるさ」
「どこに？」
　サクくんはその疑問点を述べました。
「第1公準さ」
「どういう疑問？」
「どうして、1本と入れなかったのか？」
「どういうこと？」
「つまり、どうして次のようにしなかったのか、ということさ」

第1公準：任意の点から他の任意の点に**ただ1本の**直線を
　　　　　引くことができる。

「さあ？　私にもわからない」
「じゃあ、直接、ユークリッドさんに聞いてみたら？」
　サクくんは、ポケットから携帯電話を取り出して、電話をかけ始めました。地球人たちは、みんなはびっくりしました。実は、これは時空を超えた携帯電話なのです。

ぷるぷるぷるぷる〜

「はい、こちらはユークリッドです。どちらさんでしょうか？」
　サクくんはそのまま携帯電話をリーマン博士に渡しました。リーマン博士はいきなり渡されたので、おどおどしています。
「も、もし、ももし。わ、わ、私はリーマンといいます」
「リーマンさん？　知らないね」
　リーマン博士は少し落ち着きました。
「そうでしょう。私はあなたの時代には生まれていませんから」
「何のご用でしょうか？」
「実は、あなたが設定した第１公準に疑問を唱える少年がおりまして、それでお電話をかけさせていただきました」
「私は第１公準に疑問などないよ」
「いえ、疑問を持っているのは私の隣にいる少年でして…どうして第１公準に『ただ１本の直線』という明快な数字を入れなかったのかということです」
　しばらく沈黙が続きました。ユークリッドは答えました。
「そちらで、つけ足しておいてくれないかな」
　みんなはずっこけました。

「はい、わかりました」

電話は切れました。
「もう切っちゃったの？　まだ、聞きたいことがあったのにな〜」
　コウちんも質問がありました。
「いったいなんだね？」
「問題の第5公準だよ〜」
「第5公準がどうしたの？」
「どうして、交わるとしたの〜？」
「どういうことだ？」
「次のような表現でも良かったのじゃない〜？」

第5公準：1本の線分が2本の線分と交わり、同じ側の内
　　　　　角の和が2直角ならば、その2本の線分を限り
　　　　　なく延長しても交わらない。

「もう、もっと早く言えよ」
　リーマン博士は、携帯で再び電話をかけました。

　ぷるぷるぷるぷる〜

「はい、こちらはユークリッドです。どちらさんでしょうか？」
「リーマンです」
「はあ？　誰？」

「リーマンです。何度もお電話してすいません」
「知らないなあ」
　リーマン博士はびっくりしました。
「え？　さっき、お電話したじゃないですか、もう」
「…」
「お忘れですか？　リ・ー・マ・ンです」
　しばらく考え込んでいたユークリッドは答えました。
「ああ、1年前に電話をかけてきたあのリーマンさんか」
「1年前？」
　どうやら、電話をかけた時代が1年間ずれたようです。
「今度は何？」
「実は、また別の少年がユークリッドさんの第5公準に疑問を抱いているようで…」
　リーマン博士はユークリッドに事情を説明しました。
「ああ、その件ね」
「また、こちらで書き換えてもかまいませんか？」
「そりゃ、困るよ、君！」
「でも、ユークリッドさんの第5公準だと、内角の和が2直角のときには交わるとも交わらないとも言っていないので、いろいろな解釈ができます。だから、2直角のときには交わらないと加えたらどうかを思いまして…」
「そしたら、それだけでは問題は解決しない」
「は？」
「内角の和が2直角よりも大きいほうの側でも、交わると

も交わらないとも言っていないからだ」
「じゃあ、どうしたらいいでしょうか？」
「第5公準を、次のように書き直しておいてくれないかな」

第5公準：1本の線分が2本の線分と交わり、その2本の線分を限りなく延長するならば、内角の和が2直角より小さい側において交わり、内角の和が2直角より大きい反対側においては交わらない。また、内角の和がちょうど2直角ならば、どちらの側においても交わらない。

「じゃあ」
　そういって、電話は切れました。さあ、大変です。ユークリッド幾何学の第5公準が、以前よりもずっと長くなってしまいました。

「しまった、電話などするんじゃなかった！」
　リーマン博士は頭を抱え込んでしまいました。これから博士は、改良されたこの新しい第5公準をどのように否定するつもりなのでしょうか？

◆ 平行線

　リーマン博士は、携帯を放り投げました。ヒデ先生は回転レシーブでそれをキャッチすると、怒って言いました。
「これは大切な携帯電話です。乱暴に扱わないでください」
「そんな携帯は必要ない」
「携帯に八つ当たりしないでください。平行線とは、どこまで行っても交わらない2本の直線のことです」
「どこまでって、どこまで？」
　リーマン博士はしつこく聞きます。
「いつまでも交わらないものを平行線というのよ」
　マユ先生もヒデ先生に加担します。
「ねじれの位置にある2直線もいつまでも交わらないのだ」

　ねじれの位置とは、空間内の2本の直線が平行でなく、かつ、交わっていないときに見られる位置関係です。同一平面に乗れないときの2直線の位置関係のことであり、日常生活では立体交差などで見られます。

「ということは、同一平面上にあるという条件が必要ね」
「そうだ。そして、『同一平面上では平行線は交わらない』というのは平行線の本質であり、それゆえに定義と考えられる」
「いや、そうではない。平行線は無限先で交わるかもしれ

ないのだ」

　リーマン博士は、交わらない平行線をそのまま素直に認めません。

「線路の上に立って平行な線路をよく見てみろ。2本の平行線は遠くのかなたで交わっているのだ」

「そう見えるだけであって、実際には交わっていません」

「いや、交わっている。遠近法を取り入れた絵を見てみるがよい。平行線は絵の中でも明らかに交わっているのだ」

「そんなことないわ。平行線は永遠に交わらないわ」

「いや、平行線は無限先で交わっているのだ」

　どうやら水掛け論になったようです。

「アホ」

　線路や遠近法を持ち出してきたリーマン博士に、サクくんは思わぬ言葉を口にしてしまいました。博士は激怒してサクくんに返しました。

「アホ、アホ」

　サクくんは再び、返します。

「アホ、アホ、アホ」

「おぬし、本当に無礼な小僧だな」

　でもすぐに子供とけんかした自分を振り返り、リーマン博士は突然、紳士に戻りました。

「平行線が無限に交わらないということは、まだ証明されていない。だから、交わっていると仮定してもいいのだ」

「『平行線は交わらない』は平行線の定義よ。定義は証明できないわ」
　ミーたんは当たり前のことを言います。
「数学は定義から始まり、公理を作り、証明を繰り返しながら定理を作ります。したがって、証明されるのは定理であって、定義も公理も証明できません」

「よし、じゃあ、妥協案を見つけよう」
　リーマン博士は折れました。
「交わっていなくても、交わっていると仮定して数学を作ればよい。そして、平行線が無限先で交わる交点を無限遠点としよう」
「そんな点は存在しないわ」
「存在するのである。実際に数学辞典に記載されているのである」
　分厚い数学辞典を胸ポケットから取り出したボヤイ隊員は、それを広げながら言いました。
「あ、本当だ。出ている。驚いた」
「そう、平行線は無限のかなたで交わる。これを新しい平行線の定義にしたらどうか？」
　リーマン博士は提案しました。
「そしたら、平行線の定義が２つになってしまうわ」

　定義１：平行線は無限に交わらない。

定義2：平行線は無限遠点で交わる。

「かまわん。それよりもどうだ。定義2のほうがより数学的な印象を受けるだろう」
　しかし、マユ先生は納得できません。
「印象の問題ではありません」
「じゃあ、定義2のほうがより便利だ。また、定義が2つあるなら、それぞれの定義にしたがって2つの幾何学を構築できるだろう」
「でも、お互いに相手を否定する幾何学ができ上がるわ」
「そんなの、作ってみないとわからない」
　リーマン博士は、なんとかして平行線公理を否定した幾何学を作りたいみたいです。

◆ 無限遠点

　リーマン博士は繰り返します。
「おぬしたちは本当に何も知らないようだな。実は、平行線は無限遠で交わっているのだ。この交点を無限遠点と呼んでいる。これは、もはや数学的な事実である。決して否定してはならない」
「いいえ、無限に交わらない2本の線を平行線と定義したはずです。それがどうして遠とか遠点とかいう言葉が後ろ

についただけで交わるようになるの？　無限遠点の定義はなに？」
「無限遠点とは、無限遠にある点のことである」
「無限遠とはなに？」
「限りなく遠いところだ」
「限りなくという言葉があいまいじゃないの？」
「じゃあ、無限のかなたと言い換えよう」
「そんなのは数学ではないよね～」

　リーマン博士は、なかなかガワナメ星人を説得できなくて困っています。
「無限遠も無限遠点も無定義にしたほうが便利だ。そして、この考え方を導入したほうが、数学が便利になるのだ。無限遠点を実在の点とみなせば、一般化することができる」
「一般化って？　何を一般化するの？」
「例えば、平面上の２直線の位置関係は１点で交わるか平行であるかのどちらかである。この場合は、２つに分ける必要がある。両者を一緒に論じることはできない」
「当然です」
「甘いな」
「おじさんはしょっぱそうな顔しているよ～」
「余計なお世話だ。一般化すれば、場合分けしなくてすむのだ。つまり、平行な２直線は無限遠点で交わると考えれば、『平面上の２直線は必ず１点で交わる』という一般化さ

れた命題が得られる」

「何か、だまされているようだわ」

「だましてなどいない」

「一般化された命題ではなく、一般化された非命題じゃないの？」

「いや、一般化された命題だ」

「じゃあ、無限遠点とは平面上の互いに平行な2直線の交点のことなの？」

「そうだ。何度も言っているだろう。しかし、この交点は平面上には存在しないから、無限遠点は平面の外に存在する。無限遠点は、平面と平行線を拡張したときに得られる概念だ」

　リーマン博士は、拡張による一般化を常に念頭においています。

「一般化したいがために間違った拡張をすることは良くないよ〜。そもそも、平行線が平面から外に出ることなどないから、平面の外にある点で交わるという考え方はおかしいよ〜」

「いや、そのような点が実在すると考えると、便利なのだ」

　しかも、しきりと便利を連発しています。

「一番便利な理論は、矛盾した理論だよ〜。ねえ、サクくん〜。ん？」

　コウちんはサクくんに同意を求めましたが、肝心のサクくんはどこにも見当たりません。

「サクくん?」

ヒデ先生とマユ先生も心配しています。

「サクくんはどこなの?」

「あの生意気な小僧など、いなくても気にすることないじゃないか。あんな奴は、無限遠点に飛んで行ってしまえばいい」

「そうだ、そうだ。リーマン博士、今度は俺に話を続けさせてください」

ロバチェフスキー隊長は、消えたサクくんを無視して話し出しました。

◆ 平行線公理

「ユークリッド幾何学では、5個の公準からすべての定理が導かれているぞ。これら5個の公準を、ここでは公理と呼ぶことにしよう。この5個の公理のうち、最初の4個についてはどの数学者も自明だと認めた。しかし、第5番目の公理に対しては、疑問をいだく人々が現れたのだぞ。ユークリッド幾何学の第5番目の公理は次のようなものであるぞ。これをAと呼ぶことにしよう」

A:1直線が2直線と交わり、同じ側の内角の和を2直
　　角より小さくするならば、この2直線は、2直角よ

り小さい角のある側において交わる。

　ロバチェフスキー隊長に続いて、今度はまたリーマン博士が説明します。
「Aは他の4個の公理と比較すると、明らかに文が長い。文が長くなればなるほど、そこに含まれる意味が複雑に絡み合ってきて、自明性が低くなる傾向がある。そこで、Aは本当は公理ではなく、定理ではないのかと疑われたのだ。もしAが他の公理から証明できる定理ならば、公理からはずすことができる。なぜならば、公理の数はできるだけ少ない方が理論としてはすっきりしているからだ。この疑問がきっかけとなって、第5公理を証明しようとする試みが始まった。やがて、命題Aは次なる命題Bと同値であることがわかったのだ」

　　B：1本の直線とその直線上にない1つの点があるとき、その点を通ってもとの直線に平行な直線はただ1本存在する。

「この文の中に『平行』という言葉が入っているから、今日では第5公理を平行線公理と呼んでいるのだ」

「でも、AとBは本当に同値なの？」
　マユ先生は疑問を投げかけました。

「そうだ」
「同値である以上、AからBが証明され、BからAが証明されなければならないのよ」
「わが星では、A→BもB→Aも、両方ともにすでに証明されている」
「あ、そう。それって、本当かしら？」
「なぜ、疑うのだ？」
「だって、Aには平行という文字が入っていないのに、Bには平行という文字が入っています。平行という言葉をどのように定義するかによって、AとBは同値になったり、同値にならなかったりするのじゃないのかしら？」
「確かに、ユークリッドは平行を定義しなかった。しかし、平行という言葉を無理に定義する必要はない。平行の定義をあいまいにしておけば、いくらでもAとBは同値にできる。そのほうが、幾何学がたくさんできるので多様性のある数学になる」
「えー、それって、あり〜？」
　コウちんは驚きました。
「本当かしら？」
　マユ先生は、また同じことを言いました。

「ところで、平行線公理は他の公理から証明されたのですか？」
「いや、誰も証明することができなかった」

ロバチェフスキー隊長は咳払いをしました。自分が平行線公理を証明したことを、リーマン博士に言いたかったみたいです。
「ということは、平行線公理は定理じゃなくて、やっぱり公理だったのだね〜？」
「いや、そうとも限らない。証明が存在しているのに、誰もそれを見つけられないだけかもしれない」
　ヒデ先生は、証明が見つからなかっただけの可能性を示唆しました。しかし、リーマン博士はすぐにこれを否定します。
「いや、証明が存在しないことが証明されたのだ」
「どういうことですか？」
「他の4つの公理からは決して平行線公理を証明することができない、ということが証明されたのだよ」
「本当かしら？」
「おぬしは、それしか言えんのか」
　リーマン博士はマユ先生に少し憤慨しています。

「おぬしらは、平行線公理の否定の素晴らしさを知らんようだな。ユークリッド幾何学だけで宇宙の謎を解明しようとすると、解けない問題がいっぱい出てくる。しかし、平行線公理の否定も導入すれば、それらを解決することができるのだ。この発想はノーベル賞ものだ」
「博士、数学のノーベル賞はありません」

平行線公理を証明したことでフィールズ賞を狙っているロバチェフスキー隊長が、横から口を出しました。
「とても信じられない公理を設定したのね」
　マユ先生は皮肉っぽく言いました。でも、その皮肉は通じません。
「宇宙の謎がどんどん解明されつつあるから、おぬしらも平行線公理の否定を認めるべきだ」
「そんなバカなことはないよ～。とても納得できない仮定を持ってきて、それで納得できる説明ができるなんて…この行為自体が納得できない～」
「信じるも信じないも君たちの自由だ。信じなければ平行線公理の否定は使えないのだ。しかし、信じる者は平行線公理の否定を使って難問をどんどん解決してしまうのだ。どっちが便利かな？」
　話題は、平行線公理の否定がどれだけ便利な概念であるか、平行線公理の否定をどれだけ信じることができるかに移動してきました。

◆　うきゅ～の神様

「いくら便利でも、平行線公理の否定は間違いよ」
「いや、平行線公理が正しいという証明が存在しない限り、平行線公理を否定する行為は間違いとは言えないのだ。だ

ったら、便利な公理を採用するほうが、数学の問題を解くときの早道になるのだ」
　マユ先生も直感で否定します。
「平行線公理の否定は、正しくはないわ」
「そりゃ、通常の平面では正しくはないのだ。平行線公理の否定が成り立つのは、たとえば、球面の上だ。平面でないところでは、平行線公理は成立しないのだ」
「本当かしら？」
　また、マユ先生の口癖が始まりました。

「じゃあ、うきゅ〜の神様に聞いてみようよ〜」
「なんだ、それは？」
「ガワナメ星最高の神様だよ〜。今、呼ぶから待っていてね〜」
　コウちんは、天に向かって両手を合わせ、うきゅ〜の神様にお願いをしました。
「神様、真実を教えてください〜」
　そして、一生懸命に祈っています。
「何をバカなことを…　子供の妄想につき合ってはいられない。そろそろ出発しよう」
　地球人たちは帰りのしたくを始めました。

　そのときです。再び天空がぴきぴきという音とともにひび割れして、そこから何かが覗いています。どうやら、2

つの目が下界の様子を探っているようです。その目がきょろきょろ動いたかと思うと、割れ目から指が何本か出てきて、それを押し開くではありませんか。やがて、割れ目は次第に大きくなり、うきゅ〜の神様の顔が出てきました。みんなはびっくりしました。

「おぬしは誰だ！　名を名乗れ」
　おどろいたリーマン博士は叫びました。
「名乗るほどのものではございません」
「ならいい」
「あ、名乗ります、名乗ります」
「いいと言っているではないか」
「いいえ、名乗らせてください」
「もう聞きたくはない」
　うきゅ〜の神様の目から涙があふれてきました。
「じゃあ、名乗ってもよいぞ」
　ほっとしたうきゅ〜の神様は割れ目から抜け出し、地上に降りてきて、お辞儀してお礼を言いました。
「うきゅ〜の神様と申します」
「ご苦労であった。もう戻ってもよい」
　このリーマン博士の言葉に、今まで一生懸命に祈っていたコウちんは嚙みつきました。
「ひどいよ〜」
　コウちんは、必死で神様にお願いしました。

「戻っちゃだめ！」
　うきゅ〜の神様は、戻っていいのか戻っていけないのかわからず、右往左往しています。

「うきゅ〜の神様、お願いします。非ユークリッド幾何学について、教えてよ」
　今度はミーたんが頼み込むと、うきゅ〜の神様の目がらんらんと輝きました。
「そんなの、私が教えてやるのだ」
　このリーマン博士の言葉に、うきゅ〜の神様は抵抗します。
「いや、わしが教えるきゅ〜」
「いや、私が教えるのだ」
「いや、わしが教えてあげるきゅ〜」
　神様と博士は、お互いにまったく譲る気がありません。
「じゃあ、じゃんけんで決めてよう〜」
「うきゅ〜！」
　じゃんけんしたリーマン博士は、1回目でうきゅ〜の神様に負けてしまいました。
「う〜きゅっきゅ、う〜きゅっきゅ」
　なんというはしゃぎようでしょうか、うきゅ〜の神様はとても喜んでいます。

◆ 球面上の平行線公理

「平面上では、平行線公理は真の命題だきゅ～」
　地球人たちは、このうきゅ～の神様の意見にみんな同意しました。
「では、球面上では、それが真の命題か偽の命題か考えてみるきゅ～」
「なにをアホなことを…　こんな初歩的なことを真剣に考える必要はない」
「時間の無駄だ」
「帰ろう」
「では、帰る前に答えてきゅ～」

　まず、ボヤイ隊員が答えました。
「球面上には平行線は存在しない」
　次に、ロバチェフスキー隊長が言いました。
「だから、球面上では平行線公理は成り立たない」
　最後に、リーマン博士がまとめました。
「だから、球面上では平行線公理は偽の命題だ」
　3人は同時に言いました。
「平面上では、平行線公理は真の命題である。しかし、球面上では、平行線公理は偽の命題である」
　見事な合唱です。みんなは、これほど完璧な論理は存在しないとばかりに、自信を持って言いました。

「それって、地球人の思い込みだきゅ〜」
「何を言っているのだ」
「そうである。球面上には平行線は存在しない、ということは常識である。これは、地球人にとっては統一した見解である」

　思い込みの統一見解を正すため、うきゅ〜の神様は空間にホワイトボードを出しました。さあ、準備万端です。
「じゃあ、球面上の平行線公理というものをもっと詳しく分析してみるきゅ〜」
　不器用な手でホワイトボードをなぞると、そこに平行線公理が現れてきました。黄色いマーカーで書かれている感じもしますが、相変わらずミミズのはったようなへたな字です。

平行線公理：1本の直線とその上にない1つの点があるとき、その点を通ってもとの直線に平行な直線はただ1本存在する。

「これがどうした？」
「この文章を2つに分解してみるきゅ〜」

　　1本の直線Lとその上にない1つの点Pが存在する。
　　Pを通ってLに平行な直線はただ1本存在する。

「そして、それぞれに記号をつけるきゅ～」

　A：１本の直線Ｌとその上にない１つの点Ｐが存在する。
　B：Ｐを通ってＬに平行な直線はただ１本存在する。

「平行線公理とは、A→Bのことだきゅ～」
「そのとおり。そして、球面上では平行線公理は成り立たないのだから、このA→Bは偽の命題だ」
　リーマン博士の言葉に、うきゅ～の神様は首を大きく横に振りました。どこが首だかよくわかりませんが…

「良いか、よく聞け。球面上には、直線は存在しないのだきゅ～」
「だから？」
「だから、Aは偽の命題だきゅ～」
「それがどうした？」
「Aが偽の命題ならば、A→Bは真の命題だきゅ～」
「あ！」
　ボヤイ隊員はびっくりしました。そして、あわててメモ用紙を取り出して、次のような真理値表を書きました。

A	B	A→B
1	1	1
1	0	0
0	1	1
0	0	1

「本当だ。Aが0のときは、A→Bは1になっている。Aが偽の命題ならば、A→Bは真の命題だ。ということは…球面上でも、A→Bは真の命題である…」

ロバチェフスキー隊長もあわてています。

「なに？ 球面上でも平行線公理は真の命題か？ リーマン博士、どうします？ 球面上でも平行線公理は成り立っていることになりますよ」

「では、球面上では平行線公理は成り立たないという仮定から作られた非ユークリッド幾何学は、根本的に間違いであることになる」

リーマン博士もあわてふためきました。

「せっかくここまで発展してきた非ユークリッド幾何学は、これから先、いったいどうなってしまうのだ？」

地球人たちは、球面上でも平行線公理が成り立っていることを証明したうきゅ～の神様を、全員でにらみつけました。その威圧感に押されて、うきゅ～の神様は下を向いたままもじもじしています。意外と気の弱い神様です。

◆ 非ユークリッド幾何学の誕生

ここで、いったいどのようにして平行線公理を否定した非ユークリッド幾何学が誕生することになったのか、その経緯をたどってみましょう。

ユークリッド幾何学の公理をE_1, E_2, E_3, E_4, E_5とし、E_5を第5公理（平行線公理）とします。昔の数学者たちは、「E_5は公理ではなく、定理かもしれない」と疑いました。そこで、「E_5は定理である」ということを証明しようとしました。それには、E_1, E_2, E_3, E_4からE_5を証明すればいいことになります。そのやり方には、下記の2種類があります。

（1）E_1, E_2, E_3, E_4からE_5を直接証明法で証明する。

これは、E_1, E_2, E_3, E_4をいろいろ組み合わせて、直接、E_5を導き出すやり方です。

（2）E_1, E_2, E_3, E_4からE_5を間接証明法（背理法）で証明する。

これは、E_5を証明するために、まず、その否定￢E_5を真と置いて、矛盾を導き出すことです。つまり、E_1, E_2,

E_3, E_4, $\neg E_5$ から矛盾を証明することです。もし矛盾が得られれば、仮定としての$\neg E_5$を否定することができます。つまり、E_1, E_2, E_3, E_4から「E_5は真である」という結論を引き出すことができたことになります。

結果的にはどちらのやり方も成功せず、E_5はいまだにE_1, E_2, E_3, E_4から証明されていません。

ここで、(2)の背理法に注目します。どんなに努力をしてもE_1, E_2, E_3, E_4, $\neg E_5$から矛盾を導き出せないのであるならば、「E_1, E_2, E_3, E_4, $\neg E_5$を仮定する新しい幾何学を作ってもいいのではないか？」という発想が出てきたのでした。

そして、その新しい幾何学が実際に作られました。その名前を非ユークリッド幾何学といいます。このように、非ユークリッド幾何学は、ユークリッド幾何学の第5公理の代わりに、その否定を仮定として有する幾何学です。

平行線公理を否定すると、平行線は1本ではなくなります。そこで、0本という仮定や、∞本という仮定の幾何学も生まれてきました。こうして、いくつもの非ユークリッド幾何学が誕生しました。

簡単にいうと、ユークリッド幾何学はまっすぐな空間の幾何学であり、非ユークリッド幾何学は曲がった空間（たとえば、球面）の幾何学であると言われています。

　その理由は、たとえば「球面上では平行線公理は偽の命題である」と長い間、信じられてきたからです。しかし、**うきゅ〜の神様が球面上でも平行線公理は真の命題である**ことを証明してしまったので、非ユークリッド幾何学はその存在価値を根本的に問われることになりました。

◆ 球面モデル

　リーマン博士は、ユークリッド幾何学の正しさも非ユークリッド幾何学の正しさも信じています。だから、うきゅ〜の神様の証明を認めません。
「一般的には、ユークリッド幾何学が無矛盾であることはどの数学者も認めているのだ」
「反対している数学者は誰もいないの？」
「いない」
　リーマン博士はうきゅ〜の神様の証明を無視して、次のように断定しました。
「しかし、とうとう、次のことが証明されたのだ」

ユークリッド幾何学が無矛盾ならば、非ユークリッド幾何学も無矛盾である。

「すると、上の証明が正しいならば、ユークリッド幾何学を認めると、自動的に非ユークリッド幾何学も認めざるを得なくなるね〜」
「そうだ。非ユークリッド幾何学の無矛盾性がユークリッド幾何学の無矛盾性と同じであることになったのだ」
「ところで、これは、どうやって証明されたの？」
「モデルを作ったのだ」
「モデルって？」
「ユークリッド幾何学とは異なる別の世界だ」
「別の世界って？」
　疑問は膨れ上がる一方です。

「たとえば、球面だ」
「球面は、何のモデルなの？」
「平行線が一本も引けない幾何学のモデルだ。モデルとしての球面を球面モデルと呼ぶことにしよう」
「つまり、球面モデルでは、平行線公理は偽の命題なのね？　そういうモデルが、本当にユークリッド幾何学の他の4つの公理を満たしているの？」
　半信半疑のミーたんは聞きました。
「では、それを1つ1つ検証してみよう。ここでは、5個

の公準を公理と呼んでみることにするのだ」

　第1公理：任意の点から他の任意の点に直線を引くこと
　　　　　ができる。
　第2公理：線分を延長すれば直線になる。
　第3公理：任意の点を中心として、任意の半径で円を描
　　　　　くことができる。
　第4公理：すべての直角はお互いに等しい。
　第5公理：1本の直線とその上にない1つの点があると
　　　　　き、その点を通ってもとの直線に平行な直線
　　　　　はただ1本存在する。

「これは、平面上では当たり前のことだ。しかし、モデルを作るときは、この当たり前という思い込みを捨ててほしい」
「捨てたよ〜」
　変わり身の早いコウちんです。
「さらに、モデルを作るときには、ある約束事が必要だ」
「どんな約束？」
「平面上の幾何学を球面上に移すのだから、用語を入れ替えなければならない。まず、平面と球面を同じものとみなすのだ」
「どうして？」
「そういう約束だ。質問したりするな。次に、平面上の点

と球面上の点を同じとみなす」
「なぜなの？」
「約束だから、疑問を持ったりしてはいけない」
「わかった。じゃあ、さっそく非ユークリッド幾何学の無矛盾性を証明してよ〜」
「ちょっと待った。これだけじゃないぞ」
「まだあるの？」
「平面上の直線と球面上の大円（切り口が球の中心を通るときにできる円周）を同じとみなす」
「なぜ？」
「約束だからだ。疑問を持ったり、質問したりしてはいけないといってあるだろう」
「うん」
「それだけではない。線分を円弧とみなす」
「どうして？」

リーマン博士は、コウちんをにらみつけました。コウちんは、おとなしくなりました。

「まだあるの？」
「まあ、ほかにも約束事はいっぱいあるが、今はこれくらいでいいだろう。まず、1番目の公理だ」

第1公理：任意の点から他の任意の点に直線を引くことができる。

「これを球面上に移すと次のようになるのだ」

　第1公理：任意の点から他の任意の点に大円を引くこと
　　　　　ができる。

「球面上では、任意の点から他の任意の点に大円を引くことができるから、この球面モデルはユークリッド幾何学の第1公理を満足させているのだ。次は2番目の公理だ」

　第2公理：線分を延長すれば直線になる。

「これを球面上に移してみよう」

　第2公理：円弧を延長すれば大円になる。

「円弧を球面に沿って延長すれば、大円になるよ〜」
「よくわかったな。やはり、この球面モデルはユークリッド幾何学の第2公理を満足させている。では、次は3番目の公理だ」

　第3公理：任意の点を中心として、任意の半径で円を描
　　　　　くことができる。

「これを球面上に移してみよう」

第3公理：任意の点を中心として、任意の半径で円を描
　　　　　くことができる。

「これは、文章がまったく同じだね」
「いいえ、これは問題だわ。球面上では、その球の半径を超えた円は描けないのよ。したがって、任意の円とはいえないわ」
　反対するミーたんに対して、リーマン博士は優しく教えます。
「お嬢ちゃん。球面上では、球面を超えた世界は考えないのだよ。だから、ここでもまた、球面モデルはユークリッド幾何学の第3公理を満たしているのだ」
　ミーたんは、ぷーとほほを膨らませました。

「では、4番目の公理だ」

　第4公理：すべての直角はお互いに等しい。

「これを、球面上に移してみよう」

　第4公理：すべての直角はお互いに等しい。

「これも同じ文章だ。球面上で大円が直交する角度は、全部等しい。これもユークリッド幾何学の第4公理を満足さ

せている。最後の公理はどうだ？」
「いよいよ、問題の第5公理だね〜」
「そうだ」

> 第5公理：1本の直線とその上にない1つの点があるとき、その点を通ってもとの直線に平行な直線はただ1本存在する。

「これを球面モデルに移すと、次のようになるのだ」

> 第5公理：1本の大円とその上にない1つの点があるとき、その点を通ってもとの大円に平行な大円はただ1本存在する。

「これは成り立たないわ」
「そうだ。球面上の任意の2本の大円は必ず交わるから、平行な大円が1本あるとする第5公理は成り立たない。これより、5公理が否定されたのだ」
「結局、これらはどういうことを言っているの？」
「この球面モデルは、ユークリッド幾何学の4つの公理を満たすが、5個目の公理を満たさないということだ。第5公理を否定したモデルが、とうとう作られたのだ！」
「へ〜」
「これを、『ユークリッド幾何学の中に非ユークリッド幾何

学のモデルを作る』いう。これより、ユークリッド幾何学が無矛盾な理論であれば、その中のモデルもやはり無矛盾だというわけである」

「どうして？」

「無矛盾な数学理論の中に存在するもにはすべて無矛盾だからだ」

「でも、非ユークリッド幾何学がユークリッド幾何学の中に存在するのではなく、非ユークリッド幾何学のモデルがユークリッド幾何学の中に存在するだけでしょう？モデルが存在するだけでは、もとの非ユークリッド幾何学までも無矛盾であるとはいえないわよ」

「そうだよ。ユークリッド幾何学の中では、いつでもユークリッド幾何学が成立する世界だよ〜」

「当たり前のことだよね」

「その中にユークリッド幾何学が成立しない新しい世界を作ったら、その新しい世界はユークリッド幾何学が成立すると同時にユークリッド幾何学が成立しないという両方の性質を持っていることになるよ。つまり、その新しい世界は矛盾した世界だよ〜」

「いや、そうではない。モデルの中ではユークリッド幾何学は成立しないのだ」

「モデルはユークリッド幾何学の中にあるよ。だから、モデルの中でもユークリッド幾何学は成立しなければだめだよ〜」

第7幕　地球への帰還

「だから、そのモデルはユークリッド幾何学の成立しないモデルだって言っているだろう」
「それはおかしいよ～」
「まったくおかしいわ」

ミーたんは納得できません。
「そもそも、モデルを作ると、どうして証明されたことになるの？ まったくもって、わからないわ。まずは、次のことを証明してください」

ミーたんは、リーマン博士に次のような公開質問状をたたきつけました。

ユークリッド幾何学の中に非ユークリッド幾何学のモデルを作ると、どうして「ユークリッド幾何学が無矛盾ならば、非ユークリッド幾何学も無矛盾である」という命題が真になるのか？

うきゅ～の神様は、その質問状を丁寧に折って封筒に入れて、糊づけをしてリーマン博士に手渡しました。

「これを地球にお持ち帰りください。地球にはガウスの神様という数学の神様がいます。私のいとこですから、ぜひ、読んでもらってください。返事を待っていますよ」

◆ 平行線公理の解釈

「ガウスの神様など、知らん」
　リーマン博士は、受け取った公開質問状をロバチェフスキー隊長に渡しました。ロバチェフスキー隊長は、ボヤイ隊員に渡しました。ボヤイ隊員は、困った顔をしてポケットの中にしまいました。

　ヒデ先生はもっとガワナメ星の数学を理解してもらおうとして、さらなる説明を始めました。
「点や線はユークリッド幾何学ではそれ自体が意味を持っています。しかし、形式主義になるとその意味を失い、無定義語になります。その結果、直線、平面、3角形という用語を含むユークリッド幾何学は、それらを大円、球面、球面上の3角形に変えても良いことになります」
「そうだ」
「しかし、大円は直線ではありません。曲線です。だから、大円を直線とみなすことには、もともと無理があります」
「そうよ。平面と球面も全然違うわ。だから、球面を平面とみなすこともおかしいわ」
「それだけじゃないよ。球面上の3角形は、本当は3角形じゃないよ～」
「球面上の3角形は、3角形を拡張した概念かもよ。平面上の5つの公理を球面上に移す行為は、ただの屁理屈じゃ

ないのですか？」
「屁理屈じゃない。これは、厳密に証明されたことだ。だから、地球人は誰も文句を言っていない。いちゃもんつけているのは、おぬしらだけだぞ」
「ガワナメ星は地球じゃないわ。そもそも、球面上には直線が存在しないのよ」
「そうさ、球面と直線の関係は次の3つだ〜」

（1）球面と直線は2点で交わる。
（2）球面と直線は1点で接する。
（3）球面と直線は交わらない。

「これ以外はあり得ないよ〜」
「ということは、**球面上の直線という言葉自体が自己矛盾している**のね」
「だから次なる文も問題が大ありだ〜」

球面上では、平行線公理は偽の命題である。

「どうしてだ？」
「だって、球面上には直線が存在しないから、球面上の平行線を扱う平行線公理という命題も存在しないよ。存在しないものの真偽を問題にしてどうするの〜？」
「こう考えるといいわ。球面上には直線は存在しない。直

線が存在しないから、平行線に関する文は命題を構成しない。よって、球面上では平行線公理は非命題である。これより、球面上では平行線公理は真の命題でもなければ偽の命題でもない」
「すると、次なる文が真になるね〜」

球面上では、平行線公理は非命題である。

　リーマン博士は不気味な笑いを浮かべました。
「ふふふ」
　そして、静かに言いました。
「おぬしらは墓穴を掘ったな」
「墓穴？」
「そうだ。おぬしらは『球面上では、平行線公理は非命題である』と言った。おい、そこの隣の動物。おぬしだ」
　うきゅ〜の神様は、目を閉じています。
「神様か何か知らんが、おぬしは『球面上では、平行線公理は真の命題である』と言った。おぬしらはお互いに矛盾しているではないか。この矛盾をどう解決するのだ？」
　ミーたんとコウちんは動揺しています。でも、うきゅ〜の神様は少しも動じていません。
「わからなくなって、寝たふりか？」
　目を開けた神様は、静かに答え出しました。
「そんなの簡単きゅ〜」

うきゅ～の神様は、下のような文を書きました。

　Ａ：１本の直線Ｌとその上にない１つの点Ｐが存在する。
　Ｂ：Ｐを通ってＬに平行な直線はただ１本存在する。

「平行線公理を、どうとらえるかの問題であるきゅ～」
「平行線公理に、とらえ方などあるのか？」
「あるきゅ～。平行線公理をＡ→Ｂと解釈するのか、平行線公理をＢと解釈するのかの違いであるきゅ～」

【Ａ→Ｂを平行線公理とする場合】
　球面上には直線は存在しないから、Ａは偽の命題である。したがって、Ａ→Ｂは真の命題である。ゆえに、平行線公理は球面上でも真の命題である。

【Ｂを平行線公理とする場合】
　球面上には直線は存在しない。このとき、Ｂの中のＬは意味不明の記号になる。意味不明の記号を含む文は命題ではないから、Ｂは非命題である。ゆえに、平行線公理は球面上では非命題である。

　これを聞いて、ミーたんとコウちんは安心しました。
「よかった。墓穴を掘っていなかったんだ～」
「じゃあ、地球数学はいったいどのような根拠から『球面

上では、平行線公理は偽の命題である』という結論を下したのかしら？」
「ねえ、その理由を教えてよ〜」

　ミーたんもコウちんも、摩訶不思議な地球数学をもっと知りたいと思うようになりました。

◆　非ユークリッド幾何学の矛盾

「地球数学を知るのも結構だが、ノワツキ学校の数学も捨てたもんじゃないきゅ〜」
　うきゅ〜の神様は、自信を持つように言いました。

「ユークリッド幾何学の仮定をE_1，E_2，E_3，E_4，E_5とするきゅ〜。E_5は有名な平行線公理である。この5個の仮定がすべて公理であれば、ユークリッド幾何学は真の命題のみを仮定に持っているので無矛盾な幾何学である。したがって、ユークリッド幾何学からは矛盾が出てくるような証明は存在しないきゅ〜」
　好奇心旺盛のコウちんは、その先を自分に説明させてほしいと、うきゅ〜の神様に申し出ました。
「よいきゅ〜」

「えへん。では、代わって僕が説明します。ここで、E_5 を $\lnot E_5$（平行線公理の否定）に変えた非ユークリッド幾何学を考えよう」

コウちんは、立派なプレゼンテーターになっていました。
「非ユークリッド幾何学の仮定は、E_1, E_2, E_3, E_4, $\lnot E_5$ になる。この非ユークリッド幾何学からも、ユークリッド幾何学と同じように矛盾が出てくるような証明は存在しない」

リーマン博士は聞きました。
「どうしてだ？」
「その理由は、E_1, E_2, E_3, E_4 から矛盾が出てこないのに E_1, E_2, E_3, E_4, $\lnot E_5$ から矛盾が出てくれば、E_5 が他の公理 E_1, E_2, E_3, E_4 から（背理法で）間接的に証明されたことになるからです」

リーマン博士は考え始めました。
「E_5 が他の公理から、直接的であろうと間接的であろうと証明されたら、それは公理ではなく定理です」

この言葉に、リーマン博士は納得せざるを得ませんでした。
「よって、E_1, E_2, E_3, E_4, E_5 がすべて公理であれば、次なる結論が出てきます」

ユークリッド幾何学から矛盾が出てくるような証明は存在しない。非ユークリッド幾何学からも、矛盾が出てくる

ような証明は存在しない。

この最後の結論を見て、ロバチェフスキー隊長は高笑いをしました。
「アハハ、これは愉快だ。この結論は、非ユークリッド幾何学が無矛盾であることを述べているぞ。やはり、ユークリッド幾何学も非ユークリッド幾何学も、両方とも無矛盾だったのだぞ」
「そうじゃないきゅ〜」
うきゅ〜の神様は、ロバチェフスキー隊長の受け取り方の問題点を指摘しようとしました。

そのとき、今度はヒデ先生が申し出ました。
「私が代わって説明します。**E_1, E_2, E_3, E_4からE_5を導き出す証明が存在しない**には、下記の2種類があります」

（1） E_1, E_2, E_3, E_4からE_5を証明する直接証明法が存在しない。
（2） E_1, E_2, E_3, E_4からE_5を証明する間接証明法が存在しない。

「（2）の**間接証明法が存在しないとは背理法が存在しない**ということです。したがって、（2）を（2）'に変えることができます」

(2)' E_1, E_2, E_3, E_4からE_5を証明する背理法が存在
しない。

「E_1, E_2, E_3, E_4からE_5を証明する背理法が存在しないということは、E_1, E_2, E_3, E_4と$\neg E_5$を仮定して矛盾を導き出すことができる証明が存在しないということでもあります」

ボヤイ隊員はふむふむと聞いています。

「これより、(2)'は次なる(2)''になります」

(2)'' E_1, E_2, E_3, E_4と$\neg E_5$を仮定して矛盾を導き
出すことができる証明が存在しない。

「E_5が公理であるならば、この(2)''も正しくなければならないというのか？」

ヒデ先生はうなずいています。

「これより、E_1, E_2, E_3, E_4に$\neg E_5$を加えても、そこから矛盾が出てくるような証明が存在しません。つまり、E_1, E_2, E_3, E_4, $\neg E_5$（いわゆる非ユークリッド幾何学）から矛盾を導き出すことができる証明が存在しません」

でも、リーマン博士は解せないような顔をしています。

「一方、E_5が公理であるならば、非ユークリッド幾何学は$\neg E_5$という偽の仮定を有する矛盾した幾何学です。両者を

合わせると、次のような結論が得られます」

　非ユークリッド幾何学は矛盾しているにもかかわらず、その矛盾を導き出すことができるような証明が存在しない幾何学である。

　リーマン博士は首を横に振って、まだ認めようとしません。逆に、質問をしてきました。
「非ユークリッド幾何学が矛盾していることの根拠は何だ？」

「今度は、私に説明させてくれる？」
　マユ先生は、リーマン博士の質問に答えたくてしょうがなかった様子です。
「非ユークリッド幾何学が矛盾している根拠は、公理の否定を仮定として持っていることです」
「偽の命題を仮定に持つ幾何学は矛盾しているよね〜」
「では、非ユークリッド幾何学の矛盾が証明できない根拠は何だ？」
「公理を他の公理から導き出す背理法が存在しないことです」
　コウちんはまたでしゃばって言いました。
「公理は他の公理から独立しているからだよ〜。公理の否定が正しいと仮定しても、矛盾が証明されないのだ〜」

ボヤイ隊員は、次第に非ユークリッド幾何学のおかしさを理解することができるようになりました。
「非ユークリッド幾何学から矛盾が出てこないことはわかったのである。しかし、われわれの星では『理論から矛盾が出てこない』と『理論に矛盾が存在しない』が同じであると解釈されているのである」
「それはおかしいよ～」
「確かに、今、考えてみればおかしいと思うのである」

　でも、リーマン博士は、それを受け入れることができません。
「そのおかしさはすでに解決している」
「どうやって？」
「平行線公理の否定が、平行線公理を否定していないと解釈すればいい。実際、今の非ユークリッド幾何学は、ユークリッド幾何学の平行線公理を否定していないのだ」
　これには、ミーたんもコウちんも納得できません。
「昔の非ユークリッド幾何学は、明らかに平行線公理を否定していたよ～。それなのに、今の非ユークリッド幾何学は平行線公理を否定していないの？　いつから否定しなくなったの～？」

「次は、私に説明させてくれる？」
　最後はミーたんの説明です。うきゅ～の神様は、ただ黙

って見ているだけです。

「公理が証明不可能であれば、公理が真であることは証明できません。公理が真であることは証明できないならば、公理の否定が偽であることも証明できません。公理の否定が偽であることが証明できないならば、公理の否定を真と置いた背理法は存在しません。つまり、公理の否定を真と置いても、矛盾が証明できないのです。よって、公理の否定を仮定にした数学理論からは矛盾が証明されません」

ロバチェフスキー隊長も、ミーたんの言いたいことが少しずつわかるようになってきました。

「ここで、矛盾が証明されないことを無矛盾と言い切ってしまうと、公理の否定を仮定にした数学理論も矛盾であることになってしまうのか？」

「そのとおりです。これを根拠に、非ユークリッド幾何学の正当性が主張されてしまうのです」

「結局は、矛盾している数学理論の定義を、矛盾が証明されない数学理論としたことにすべての発端があったのか？」

「すべてとは言えません」

「では、その他に何があるのだ？」

「『A理論の中にB理論のモデルが存在すると、A理論とB理論が両立する』という間違った思い込みも、立派に非ユークリッド幾何学を支えてきました」

リーマン博士は盛んに首を横に振っています。そのうち、

首を振り過ぎて目が回ったのか、ふらふらして地面に座り込んでしまいました。
　みんなは少し議論で疲れたようです。コウちんは気を利かせて、話題を変えました。

◆　宇宙の形

「ねえねえ。おじさんたちは、宇宙の形を調査しているんだってね〜」
「そうだ。それが、われわれに課せられた任務なのだ」
「僕も知りたいよ〜。どんな形か、わかったの〜？」
「それは極秘事項だから言えない」
「でも、これ見てよ〜」
　コウちんはポケットから小さな法令集を取り出しました。いつもこんなものを持ち歩いているのでしょうか？
「宇宙の謎が解けたときは、それを秘密にしないで各惑星に公表するようにという取り決めがあるよ〜」
　宇宙規則を提示された地球人は、しぶしぶ応じました。
「わかったよ。教えるよ」
「いいのか？」
「仕方がない、後で宇宙裁判所に訴えられたりすると面倒だからな」

「えへん」
　咳払いを1つして、リーマン博士は説明を始めました。
「宇宙の形は、宇宙の曲がり具合によって決まる。宇宙が曲がっていないときは、その形は平らなのだ」
「へ〜」
「宇宙の曲がり具合がプラスのときは、宇宙の形は閉じているのだ」
「ほ〜」
「宇宙の曲がり具合がマイナスのときは、宇宙の形は開いているのだ」
「は〜。ずいぶんと難しい話だね〜」

「結局、宇宙の形はどうなっているの〜？」
　コウちんにはまったく理解できなかったようです。
「それは、宇宙の曲がり具合で決まることで…」
「宇宙の曲がり具合がプラスだと、宇宙は丸いの？」
「だから、そういう形ではないのだって。宇宙の形は閉じているんだ」
「閉じている形など、聞いたことがないよ」
　宇宙の形には、ミーたんも疑問を感じました。
「開いている形って、いったいどんな形なの？」

「おぬしたちは、われわれをバカにしているのかね？」
「ちっともバカにしていないよ。わからないから素直に聞

いているだけだよ。閉じている形って、そんな形があるの？」
「おぬしたちは宇宙の形というものをちっとも理解していない。閉じている形が理解できないのか？」
「理解できないよ〜」
「開いているという形も理解できないのか？」
「それもわからないわ」
「では、平らな形は理解できるか？」
「宇宙は紙っぺらなの？」
「違う！」

　ミーたんは改めて聞きました。
「閉じている形とか開いている形というのは、普通の形を拡張した概念なの？」
「形を拡張した新しい形…　まあ、そんなところだ。このような形を想像できるようになったら、立派な大人だ。われわれのチームに入って、一緒に宇宙を旅しないか？」
「ごめんだわ。私はそんな変な形を想像できる力がないわ。だから、閉じた形や開いた形などは、まったく理解できないわ」
　リーマン博士は反論しました。
「すべての形がイメージできるとは限らない」
「でも、具体的にイメージできるから形なのでしょう？イメージできない形は、もうすでに形と言えないわ。結局、

宇宙には形がないのね？」
「宇宙の形は存在する。形がなければ、大きさもないことになるからな」
「じゃあ、宇宙はどんな形をしているの〜？　宇宙の形は丸いの〜？」
「だから…」
　リーマン博士は、げんなりした顔をしています。

「ところで、宇宙ってなあに？」
「宇宙空間のことだ」
「宇宙空間って？」
「難しいのでよく聞きなさい。宇宙は、物質・エネルギーを含む4次元時空である。だから、丸いとか三角形だとかではなく、開いているとか閉じているという形になるんだ」
「だから、閉じているって、いったいどんな形なの」
「こりゃだめだ」
　リーマン博士たちは、肩をすくめました。

◆　宇宙の大きさ

「おじさんたちは、宇宙の大きさも調べているんだよね？」
「そうだ、宇宙の直径がどれくらいかを測っているのだ」
「どうやって測っているの〜？」

「宇宙船に特殊なメジャーを積んでいるんだ」
「メジャーって？」
「ものさしのことだ」
　そういって、ＵＦＯの側面に取りつけてある宇宙径計測装置を指さしました。
「これは特殊な計測装置で、閉じた形や開いた形などの直径を測ることができるんだ」
「ふ～ん。優れもんだね」
「それだけではない。平坦な形の直径も計測できるんだ」
　平らな宇宙の直径と聞いて、コウちんは丸い円盤を想像しました。
「地球の予想では、宇宙の直径は150億光年だから、もうすぐ正確に測り終えるだろう」
「150億光年？」
「宇宙はとても大きいから、その距離は光年という単位を使うんだ。1光年は光が1年間に進む距離だ」
「ふ～ん。でも…」
「でも、なんだ？」
「でも、もし、だよ」
「もし、ん？」
「もし、予想に反して宇宙の大きさが150億光年じゃなくて無限だったら、どうなるの？」
「…」
　地球人たちはしばらく考え込みました。

「われわれの任務は決して終わることがない」
「ミッション・インポシブル！」
　ミーたんとコウちんは悲鳴を上げました。
「家族にも会えないの？」
「そもそも、地球に戻ることができないからな…」
　そのとき、彼らの顔はとても暗くなりました。
「もう地球を出発して１４年になるのか…　息子は大きくなったかな…」
　ロバチェフスキー隊長は、次第に涙ぐんできました。コウちんは、宇宙の大きさを測るという任務を負った地球人は大変なんだなあと感じました。
「でも、やりがいがある！」
　このリーマン博士の発言のあと、残りの２人は少し明るさを取り戻しました。
「ロバチェフスキー隊長、宇宙は膨張しているから、早く測らないと値が大きくなってしまいます。そしたら、それだけ地球に帰るのが遅れてしまいます」
　ボヤイ隊員は、心配して言いました。
「宇宙が膨張している？」
　ミーたんとコウちんはびっくりしました。
「もともとは、お前が原因だろう。こんな田舎星に立ち寄ったから任務の遂行が遅れたのだ。さあ、ぐずぐずしていられないぞ」
「よし、早く行こう」

「ちょっと待って」
「何だ？」
「宇宙の形や大きさを定義することは難しいのでしょう？」
「そうだ。簡単ではない」
「だったら、どうして宇宙が膨張していると言えるのかしら？」
「膨張していることが観測されたからだ」
「それは、宇宙の内部で観測されたのでしょう？」
「そうだ。外部から観測されたのではない」
「だったら、私たちの身体も、家も、星も同じく膨張しているのでしょう？」
「そうだ」
「だったら、宇宙内部のモノサシも膨張しているんでしょう？」
「そうだ。この宇宙径計測装置も膨張している」
「だったら、宇宙の内部では宇宙が膨張していることが観測されないはずよ」
「いや、この世の中はすべて相対的であるが、たった1つだけ例外が存在しているのだ。その例外を用いて、宇宙の大きさを測っているのだ」
「その例外って、なに？」
「光の進む距離 c だ」
　リーマン博士は詳しく説明し始めました。
「これはアインシュタインが提案したものである。彼は絶

対時間と絶対空間を否定した。その代わり、光の速度ｃは絶対であるという、絶対速度を導入したのだ」
「ちょっと、ちょっと、ちょっと～」
　コウちんも納得できないようです。
「絶対空間とは、絶対距離のことだよね～。絶対時間と絶対距離を否定したら、絶対距離÷絶対時間＝絶対速度も否定されるのじゃないの～？」
「なにをわけのわからないことを言っているのだ。光だけは例外なのだ」
「そんなことないよ～。光は自然界に存在する自然現象の１つにすぎないよ～。だから、周囲の環境が変化するによっていろいろな影響を受けるはずだよ～。その光を絶対的な存在として特別扱いをし、その速度だけはいっさいの影響を受けないと考えるのはおかしいよ～」
　ヒデ先生も、自分の印象を率直に言いました。
「私も、あなたがたは光を神と崇めているように感じられます」
「失礼なことを言うな！　発言を取り消せ！」
　リーマン博士たちを傷つけたヒデ先生は、素直に謝りました。
「申し訳ありませんでした」

　そんなリーマン博士に、うきゅ～の神様が言いました。
「宇宙を定義しなければ、宇宙の形は決まらない。宇宙の

形が決まらなければ、宇宙の大きさも決まらないきゅ〜」
「どうしてだ？」
「宇宙の大きさとは、宇宙の形の端から端までの距離のことだきゅ〜」
「いや、宇宙の大きさを『宇宙の形の端から端までの距離』と定義することは間違っているのだ」
「じゃあ、大きさはどうやって定義できるのか？　距離ではなく、宇宙の体積で定義するのか？」

　うきゅ〜の神様は、宇宙の大きさの定義を聞きました。しかし、リーマン博士はまったく動揺せずに答えます。
「宇宙の大きさは無定義語である」
「なに？　また、形式主義に逃れるつもりか？」
「私は逃げも隠れもしないのだ。宇宙の形がわからなければ、宇宙の大きさもわからないというのは誤解だ。もしそのように主張するならば、まずは、その根拠を示すべきだ。さあ、根拠は何か？」

　うきゅ〜の神様は、その根拠を聞かれて困ってしまいました。リーマン博士はその顔を見て、にやっとしています。どうやら、このような場数をたくさん踏んだ経験のありそうな、余裕を持った笑いです。

◆ 宇宙の数

「ところで、われわれはどの宇宙の大きさを測っているのですか？」

ボヤイ隊員は、突然、リーマン博士に奇妙なことを聞きました。

「どの宇宙って？？？」

この言葉に、子供たちはびっくりしました。

「おぬし、何も今ここでその話を持ち出すことはないだろう。今われわれが測っている宇宙の大きさは、今われわれがいるこの宇宙の直径だ」

「宇宙の直径？ 宇宙は丸いの？」

「いや、言い直そう。宇宙の径だ」

「宇宙の径なの？宇宙の体積じゃないの？」

リーマン博士はボヤイ隊員の質問を制止しようとしましたが、もう子供たちは止まりません。

「ねえ、この宇宙には、宇宙はいくつあるの？」

リーマン博士は汗を拭きながら答えます。

「そうだな。この宇宙には宇宙がいくつあるのかは、大変難しい問題だ。現在では、無数の宇宙が生成と消滅を繰り返していると考えられている」

「いくつも宇宙が同時に存在するという考え方ね。その1つ1つの宇宙はいったいどんな形をしているの？」

ロバチェフスキー隊長は答えました。
「ある宇宙は開いているだろう」
　ボヤイ隊員も答えます。
「別の宇宙は閉じているかもしれない」
　リーマン博士も答えます。
「平らな宇宙も存在しないとは言えない」

「なんか、おかしいなあ～」
「何がおかしいのだ！」
　地球人たちは憤慨して言いました。
「宇宙の数は無数だよね～」
「そうだ」
「これは、宇宙の数が無限個ということ～？」
「そうとも解釈できる」
「じゃあ、この無限個は可能無限個なの？　それとも、実無限個なの～？」
「そんなことはどうでもよい。早く、出発の準備をしろ」
「はい」
　ボヤイ隊員はＵＦＯに乗り込もうとしましたが、コウちんはしつこく聞きました。

「この宇宙には、宇宙がいっぱいあるのだよね～。すると、すべての宇宙を含んでいる宇宙は、最も大きな宇宙になるよね。これはどんな形をしているの～？」

「最先端科学が下した結論に文句があるのか！」
「僕の良識がひっかかるんだ〜」
「おぬしに良識などあるのか？」
　これにはミーたんも真剣に怒りました。
「コウちんには立派な良識があります！！」
　リーマン博士は、その剣幕に圧倒されています。

「ありとあらゆるものを宇宙と呼ぶならば、他の宇宙の存在は否定されるのよ」
「そうだ〜。それは自己矛盾に陥るのからだ〜」
「ガワナメ星では、宇宙を明確に定義しない限りは次の論理展開に進むことを許さないわ。つまり、宇宙の形とか大きさとかがあいまいなままで、宇宙が膨張しているかどうかという議論に飛びつかないのよ」
「それじゃあ、科学は発展しない。科学は見切り発車でもかまわないのだ。その中から、真理を探すだけである」
「それって、都合のよい結論だけを採用し、都合の悪い結論を切り捨てることじゃないの？」
「それのどこが悪い？　実生活に貢献すれば、それだけでじゅうぶんだ」
　ロバチェフスキー隊長やボヤイ隊員も一緒になって言いました。
「そうだぞ。命題の真偽などどうでもよい。公理の真偽などどうでもよい。公理系の真偽などどうでもよいのだぞ」

「では、理論の真偽も問わないのですね？」
「理論が正しいかどうかなど、どうでもよいことである。それがわれわれの生活に役立てば、正しいと信じてよいのである」
「間違った物理理論でも、たまに役に立つことがあるよ〜。でも、間違った理論は誰も理解できないよ〜。このような理解できない理論でも、役に立つからという理由で正しいと信じなければならないの〜？」
　コウちんは納得できません。

「おかしな理論から真理に到達することもあるわね。でも、それがそのおかしな理論を肯定する根拠にはなり得ないわ」
「いや、それだけでじゅうぶんにその理論が正しい根拠になっているのだ」
　主張は真っ向からぶつかり合ったままです。

　しばらく沈黙のあと、ミーたんは言いました。
「宇宙や時間や空間という言葉から意味を奪えば、これらの論争を避けて、直接、宇宙が膨張しているかどうか、時間が遅れるかどうか、空間がゆがむかどうかを議論できるわ。ということは、物理学もまた集合や要素を無定義にした公理的集合論と同じような道を歩んでいるのね」
「そんなことはない。物理学では、宇宙は 4 次元時空だ。4 次元時空は厳密に定義されている」

「その定義は何？」

「世界点の無限集合だ」

「その無限集合は、実無限による無限集合なの？　それとも、可能無限による無限集合なの？」

　議論は尽きそうにありません。

◆　一般相対性理論

「4次元時空を理解できなければ、相対性理論を理解することもできないだろう」

　リーマン博士はつぶやきました。

「相対性理論を理解することはとても難しいのだ。理解することをあきらめた人だけが、相対性理論を真に理解することができるのだ」

「それは、相対性理論を正しいと信じることだきゅ〜」

「いや、そうではない。理解しようとすればするほど理解できず、理解しようとする気持ちをきれいさっぱり捨てたときに理解できる。それが相対性理論だ」

　何度も同じこと言うリーマン博士の説明を聞いて、ロバチェフスキー隊長も少しずつ相対性理論に疑問を感じるようになりました。

「相対性理論は何となく異様な理論だ。納得できるようで納得できないような…　それでいて整合性もあるし…」

「整合性は大切だきゅ〜。しかし、矛盾した理論にも整合性があることを忘れてはならないきゅ〜」

矛盾した理論の整合性… それは、自己矛盾を抑え込むことができるほどの強力な論理力 —— 出てきた矛盾を１つ１つ、しっかりと抑え込むことができる論理力 —— に由来しているのかもしれません。

「一般相対性理論は、空間が曲がっているとされる太陽の周辺では、非ユークリッド幾何学を用いているきゅ〜。しかし、形式主義によって空間を無定義にしたら、空間が定義できないことと同じになるきゅ〜。空間が定義できなければ、空間が曲がるということも定義できないはずであるきゅ〜きゅ〜きゅ〜きゅ〜きゅ〜」

うきゅ〜の神様は、口を押さえて痛がっています。どうやら、舌をかんだようです。
「いや、無定義語としての空間を定義できなくても、空間が曲がることは数式で定義できるのだ」
「そんなのおかしいよ〜。一般相対性理論は、根本的なところで単純ミスがあるんじゃないの〜？」
「どんなミスがあるというのか！ それを指摘しろ！」

涙目のうきゅ〜の神様はその怒鳴り声を聞いても、まっ

たく動じません。それよりも、血がちょっとついているべろをべろべろ動かしています。そして、痛みが消えてきたところで説明を始めました。

「ユークリッド幾何学の第5公理が真の命題であれば、第5公理の否定は偽の命題だきゅ〜。非ユークリッド幾何学はこの第5公理の否定を仮定として採用しているきゅ〜。つまり、非ユークリッド幾何学は偽の命題を仮定しているのだから、矛盾した幾何学であるきゅ〜」

「そんなたわごとを言うなんて、やはり、おぬしは単なる動物だ」

「うきゅ〜! アインシュタインの一般相対性理論は、その論理展開で非ユークリッド幾何学を用いているきゅ〜。矛盾した数学理論を用いている物理理論は矛盾しているから、次なる結論が得られるきゅ〜」

ユークリッド幾何学が正しい幾何学であれば、一般相対性理論は矛盾した物理理論である。

「うきゅ〜! 矛盾している理論内では、『この理論にはパラドックスが存在する』も『この理論にはパラドックスは存在しない』も、ともに真になるきゅ〜。たとえば、**双子のパラドックスはパラドックスであると同時にパラドックスではない**きゅ〜。このおかしさは、矛盾した相対性理論の特徴であるきゅ〜きゅ〜きゅ〜きゅ〜きゅ〜」

今度は、変な声をあげたと思ったら、すてんと転びました。足元にはワープ装置を分解したときのネジが１個、落ちていました。分解している最中にボヤイ隊員のポケットに入り、ＵＦＯから降りたときに落ちたのでしょうか？どうやら、素足でこれを踏んで痛くてこけたようです。

　足の裏とお尻を押さえて立ち上がった神様は、そのネジを悔しまぎれに空中に放り上げました。それは、くるくる回転しながらＵＦＯのハッチを通って中に入り、ワープ装置の中に吸い込まれ、やがてもとの場所にセットされました。

　ボヤイ隊員はお辞儀をして、お礼を言いました。
「どうもありがとうである。これでＵＦＯは無事に地球に帰れるのである」

　特殊相対性理論によれば時間は相対的であり、観測者から見れば動いている物体の時間が遅れます。したがって、お互いに運動している２つの物体は、お互いに相手の時間が遅れます。そこで、もし双子の１人が地球に残って、もう１人が宇宙に旅立って帰ってきたとき、２人はお互いに「自分が年をとって相手が若者であるように見える」という事態が発生します。これは明らかな矛盾であり、双子のパラドックスと呼ばれています。

　このパラドックスを解消するのが一般相対性理論です。

しかし、その一般相対性理論は非ユークリッド幾何学という矛盾した数学理論に支えられています。

「おい、動物！　おぬしは勘違いしているぞ。運動している物体の時間が遅れることは、すでに多くの実験で確認されているのだ」
「いや、時間が遅れることは確認されていないきゅ～。確認されたのは時計が遅れることだけであるきゅ～」
　うきゅ～の神様とリーマン博士は、お互いに一歩も譲りません。
「正確な時計が遅れたら、時間が遅れたことを意味しているじゃないか」
「いや、そうではないきゅ～。正確な時計など実在しないきゅ～。もし完璧に正確な時計が存在するならば、それは絶対時間を計測することができる時計になってしまうのであるきゅ～。そのとき、逆に絶対時間が肯定されてしまうのだきゅ～。**時間が遅れる**と**時計が遅れる**を混同しないことが大切だきゅ～。また、**時計が遅れる**と**時計が遅れるように見える**も混同しないことであるきゅ～」

　ここで、「観測とは何か？　観測結果をどこまで信用するか？」という問題が起こってきます。

「一般相対性理論が間違っているならば、それは物理学か

ら排除すべきなのですか？　そんなことしたら、今まで説明できていた現象が説明できなくなってしまうのである。大変に不便な世界になるのである。物理学が大きく後退してしまうのである」

　うきゅ〜の神様は、ボヤイ隊員に安心するように言いました。
「新しい真実を発見することによって数学や物理学が後退することなど、あり得ないきゅ〜」
「でも、相対性理論ほど便利な理論は捨てたくはないのだぞ」
「その気持ちはわかるきゅ〜」
「そしたら、今までどおりに相対性理論を修正して残したらどうか？」
　うきゅ〜の神様は、指を1本立てて、それをワイパーのように振りました。
「ノーノーノー。それは、数学の世界ですでに起こっていたのだきゅ〜」
「え？　どのように？」
　リーマン博士は、数学の世界で起こったという前例を知りたいと思いました。
「数学では、実無限にもとづく無限集合論という大変便利な理論を残そうとして、公理的集合論を作り出したきゅ〜。その結果、今では、数学は大変な事態におちいっておるのだきゅ〜」

「わかりました。正当な可能無限が数学の隅に押しやられて、実無限を中心とする数学に取って代わられたのだな」
「そうだきゅ〜。いつまでたっても終わらないものを無限と命名した以上、終わる無限を扱う実無限と、それを基盤とした公理的集合論は間違っておるきゅ〜」

　きゅ〜きゅ〜耳ざわりな言葉に、みんなは次第にうんざりしてきました。

　一方、リーマン博士は、地球で使われている数学基礎論を根本から作り直さなければならないことを痛感しました。それと同時に、物理学基礎論を早急に立ち上げる必要性も強く感じました。

◆ 人間性の公理

　うきゅ〜の神様は、公理の否定の恐ろしさを子供たちに教えようと、次のような問題を出しました。

＜問題＞
　ある少年が殺人事件を起こしました。その少年は逮捕された後に、社会にこう疑問を投げかけました。

「人を殺すことが、どうして悪いの？」

　いろいろな知識人たちは、この少年の誤った考え方を正そうと説得しました。しかし、誰もそれに成功しませんでした。いったい、どうしてでしょうか？

　簡単じゃないかと思ったコウちんは答えました。
「説得の仕方がへただったからだよね～？」
「あなただったら、上手に説得できるの？」
　ミーたんは聞きました。
「もちろんだよ～。殺人事件に関する資料をたくさん準備して、理論武装してからその少年を説得するよ～」
「そうした大人もいたのだ。それでも、うまく行かなかったのである」
「じゃあ、情に訴えたら～？　泣き落とし作戦がうまく行くと思うよ～。被害者や遺族の悲しみを伝えればいいよ～」
「それもうまく行かなかった。少年は、『なぜ、人を悲しませることが悪いのか』と聞いているのだ」
　ミーたんは別の回答をしました。
「その少年が真剣に理解しようとしなかったからじゃないの？」
「少年は一生懸命に理解しようとしていた。『なぜ人を殺すことがいけないのか？　なぜ、人を悲しませることがいけないのか？』それを真剣に考えていた。それでもわからな

いから、大人たちに何度も聞いたのだ」

　この問題に、ヒデ先生は別の角度から答えます。
「ひょっとしたら、大人たちは論理で説得しようとしたのですか？」
「そうだ。説得というのは、論理的に行なうことが中心だ」
　マユ先生は口を出しました。
「それじゃあ、誰も少年を納得させることができないわ」
「どうして〜？　論理で説得できないならば、情に訴えるしかないじゃないの〜？」
　子供たちは、理解できません。

「次なるものは人間性の公理よ」

　人を殺すことは悪いことである。
　人を傷つけることは悪いことである。
　人のものを盗むことは悪いことである。

「公理？　こんなものは公理ではない」
　リーマン博士は反対します。
「良いとか悪いとかいう概念は、数学にはない」
「いいえ、ここでは数学を離れて、人間性そのものを見てほしいの。『良い』『悪い』という概念が数学にないのならば、それを『正しい』『間違っている』という概念に変えて

もいいわ」
「そんな概念も存在しない」
「あら、そう。じゃあ、『ゲーデルの不完全性定理は正しい』という概念も数学には存在しないのね」
　リーマン博士は一瞬、とまどいました。
「いや、それは存在する」

「公理は『人間としての良識的な直感』で作るものであって、論理では作れないのよ」
「そうだ。人間性の公理は、論理の出発点である。論理的に出てきた帰結が公理ではない」
　ミーたんとコウちんはわかりました。
「わかった～」
「わかったわ。公理は正しいことが証明できない。だからどんな論理を用いても『人を殺すことは悪いことである』という結論を導き出すことができないのね」
　どうやら、正しい解答に出会ったようです。

　うきゅ～の神様はまとめました。
「論理を用いて公理を証明することはできないきゅ～。だから、どんなに努力をしても、公理が正しいことを人に納得させることができない。それが公理のもって生まれた宿命であるきゅ～」
　リーマン博士は神妙な気持ちで聞いています。

「地球では、ユークリッド幾何学の平行線公理に疑問を持つ人たちが現れたできゅ〜。これは、ユークリッドがこの者たちに『平行線公理は正しい』ということを納得させることができなかった証拠であり、その理由は平行線公理が本当の公理だったからだ。『人を殺すことは悪いことである』を少年に納得させることができなかったのも、これが本当は公理であったからであるきゅ〜」

みんなも真剣に聞いています。

「平行線公理も人間性の公理も、それが正しいことを導き出す証明は存在しないきゅ〜。このとき、一番困ることが起こってしまうこともある」

「それは何？」

「それは、証明できないからといって、これを否定した理論が作られることであるきゅ〜」

ユークリッド幾何学の平行線公理を否定した幾何学によって、数学が混乱におちいっています。同じように、人間性の公理を否定した理論が作られると、きっと社会は混乱することでしょう。

◆ 全面否定

リーマン博士は、宇宙の形と大きさを調べる宇宙調査に

出発する前まで、大学で学生たちに論理学を教えていました。特に人気があったのは、相手の主張に真っ向から反対する全面否定の論法でした。それは、相手の公理を探り当てて、それを否定するという簡単なやり方です。

たとえば、相手が「Aである」という主張をしたとします。これを否定する方法はいろいろありますが、全面否定では、まず、その論理的な根拠を尋ねます。

「Aの論理的な根拠は何ですか？」
「Bです」
「では、Bの論理的な根拠は何ですか？」
「Cです」
「では、Cの論理的な根拠は何ですか？」
　　　⋮

根拠の根拠を尋ねていくと、やがては究極的な根拠Xに到達します。これは、数学でいうところの「自分自身の論理的な根拠を失った公理」に相当します。そして、これからが反論のチャンスです。

「では、Xの論理的な根拠は何ですか？」
「論理的な根拠はありません」
「では、あなたはXが正しいことを示せないのですね？」

「正しいことは示せません」
「では、Xが正しいと断定することはできませんね」
「正しいとは断定できません」
「では、私はそれを否定した￢Xを根拠として、￢Aを主張します」

　これが、全面否定のやり方です。

「この方法を用いると、どんな相手の主張も切り崩せるようになるかもしれません。相手を説き伏せるとき、上手に利用すると良いでしょう」
「もし、相手が正しい主張をしてきた場合は、どうなるのですか？」
「この全面否定を使えば、少なくとも『Aである』『Aでない』の水掛け論に持ち込むことができます。それでしばらく時間が稼げるので、その間に別の理屈を考えて、今度はそれを用いてAの否定を繰り返せばいいでしょう」

　リーマン博士が講義していた授業はここまででした。しかし、これからは次のように追加しなければならないと反省しています。

「この全面否定という論法は、正しい主張すらひっくり返すほどの強大なエネルギーを持っています。したがって、

とても危険な方法です。むやみやたらと他人に対して使うべきではありません。逆に、もし相手が全面否定を仕掛けてきた場合、この危険な手口から逃れる良い方法があります。それは、相手の下した結論をそのまま鵜呑みにするのではなく、もう一度、自分の素直な直感 —— 良識的な直感で感じ直すことです。そのときは、論理をいっさい抜きにしてください。相手の主張が正しいかどうかを、心だけで感じ取ってみてください」

◆ お見送り

「直感の大切さは良くわかった。しかし、ゲーデルの不完全性定理やアインシュタインの一般相対性理論が間違っているとは… とても信じられない」
　リーマン博士は途方にくれました。
「もしそうだとすると、われわれはこれから何を信じて生きて行ったらいいのか？」
　しばらく、沈黙が流れました。

　ヒデ先生は言いました。
「最後には、ご自分の良識を信じたらどうでしょうか？」
　マユ先生もつけ加えました。
「理解できなかったら、理解できるまで考え続けることで

す。それで理解できなかったら、私たちの頭が悪いのではなく、論理に無理があるのかもしれません。なぜならば、普通の人が容易に理解できるものが論理的と呼ばれているからです」
「なるほど、凡人にもすぐに理解できなければならない…これが論理の持つ最大の特徴か… これからは、誰もが容易に理解できる数学に変えて行くことができれば、数学がより身近に感じることができるような気がする」
　このリーマン博士の言葉に、うきゅ〜の神様は大きくうなずきました。
「それが、本来の数学の姿であるきゅ〜」

「人としての良識は、数学の基盤を形成する上でも、とても大切だよ〜。もしかしたら、この万人が持つ普遍的な良識を使えば、この世の中から戦争もなくなるかもしれないよ〜」
　リーマン博士らは、このコウちんの言葉には半信半疑でした。
「地球上に人類が誕生してから、戦争がまったくなかった時代は存在しない。それが、良識などという実に簡単な方法でなくなるなど、あり得ない」
　こうつぶやくのでした。

　そのとき、ジー警備員は魚を1匹、持ってきて手渡しま

した。ジー警備員とケイさんは、いつの間にかみんなのところに戻ってきていたのです。
「これを持って帰ってください。とても、おいしいですぞ」
　その魚は、虹色に輝いている５０ｃｍくらいの大きな魚です。ぴちぴちと跳ねていて重そうですが、片手で軽々と持っています。
「これは珍しい。地球には存在しないな」
「そうでしょう。これは、ノワツキ学校の闇の湖でしか生息しない特殊な種類です」
　ジー警備員は闇の湖の研究中に、新種の魚を発見していました。

　そのとき、うきゅ〜の神様は言いました。
「食べちゃだめだぞ」
　ジー警備員はあわてて自分の口を押さえました。ケイさんは、そんなジー警備員をたしなめています。
「わかりました。これは、地球に持ち帰って大切に飼います」
　地球人は、とても素直な態度で答えました。
「そして、あなた方に教えてもらったことを、さっそく大統領に報告します」
「それまでは、宇宙の形と大きさを測る任務は、一時お預けですね。ロバチェフスキー隊長、それでよろしいでしょうか？」

「よし、俺が責任持って、任務の一時中断を命じる。リーマン博士も、承諾していただけますか？」
「もちろんだ」

　地球人たちはＵＦＯに乗り込もうとしました。そのとき、サクくんがあわてて彼らのもとに走って行き、花火の設計図と製作のマニュアルを手渡しました。
「ありがとうである。おぼえていてくれたんだね」
「忘れるもんか。それよりも、失礼なことをたくさん言って、ごめんなさい」
「いや、われわれこそ謝らなければならない。ごめんなさい」
　サクくんと地球人たちは、固い握手を交わしました。それを見ていたみんなは、拍手を送りました。

　ヒデ先生は聞きました。
「それにしても、皆さんの名前は奇妙ですね。私が地球数学を勉強したときに出てきた数学者の名前と同じです」
「そうです。よくわかりましたね。われわれは、非ユークリッド幾何学を作り上げた数学者の子孫です。世界政府が非ユークリッド幾何学を用いて宇宙を解明する世界プロジェクトを組んだとき、特別に選任されたのです」
「えー、すごい」
　びっくりしたヒデ先生は、彼らのもとにかけよりました。

そして、サインを求めました。あいにく、サイン帳は持っていなかったので、手のひらにサインをしてもらいました。
「やったぞ」
　地球ファンのヒデ先生は、大喜びです。
「１週間は手を洗わないぞ」
　みんなはくすくす笑っています。次にかけよったのはきゅ〜の神様でした。神様は背中を３人に向けました。
「ここにサインきゅ〜」
　３人は極太のマジックで、もぞもぞと動いているきゅ〜の神様の背中にサインを書きました。もだえ終わった神様は、踊り回りながらこう言いました。
「１週間はお風呂に入らないきゅ〜」
　これを聞いて、みんなはげらげら笑い出しました。

　やがて、花火の余韻が消えて、あたりは暗くなり始めました。地球人を乗せたＵＦＯはウィーンという音を立てて垂直に浮かび上がり、静かに空のかなたへと小さくなって行きます。みんなはそのＵＦＯに向かって、手を振り続けています。
「ＵＦＯが無事に地球にたどり着けますように…」
　やがて、ＵＦＯは見えなくなりました。

「おじいちゃん。きれいな花火のあと、流れ星のようなものが空に向かって飛んで行ったわ」

「ああ、今、わしは祈ったところじゃ」
「なんて祈ったの？」
「忘れた」

「お父さん、流れ星よ」
「おかしいなあ。流れ星は落ちてくるんじゃなかったっけ？　こんな奇妙な流れ星は、おいらは今まで見たことがない」
「それにしても、とってもきれいな花火だったね」
「わんわん」

　その流れ星に向かって１人の女性が祈っている姿が、マンションの窓から見えます。両膝を突き、両手を合わせ、頭を垂れて、一生懸命に祈っています。

　ＵＦＯが飛び立ったあとも、みんなはしばらく、たたずんでいました。そして、地球の噂を始めました。
「地球にはまだ戦争があるんだってね」
「早くなくなるといいね」
「そうだね」
「じゃあ、みんなで祈ろうよ」
「そうだ、そうだ、祈ろうよ。きっと願いが届くよ」
　コウちんはうきゅ～の神様に言いました。
「神様も一緒に祈ろうよ～」

「よし、よし」
　そして、みんなで祈り始めました。うきゅ〜の神様も目を静かに閉じて、短い両手を合わせ、真剣に祈っています。
「地球上の戦争や犯罪が完全になくなり、平和な世界が訪れますように…　どうか、神様…　お願いいたします」

　それから何日か経過したある日のことです。宇宙ニュースが流れました。

「ニュースの時間です。ただいま、宇宙から戦争がなくなりました。戦争がまだ残っていた地球という惑星で、ようやく最後の戦争が平和的に終結し、この宇宙における戦争が撲滅されたことが確認されました。これも、各星の政府や国民がそろって戦争反対の努力をしてきた成果が現れたものと思われます。では、ニュースを終わります」

　宇宙中に大きな拍手がわき起こりました。それにまじって、動物のような鳴き声も聞こえました。

「う〜きゅっきゅ、う〜きゅっきゅ」

カントールの対角線論法

　カントールの対角線論法は、すべての自然数の集合Ｎとすべての実数の集合Ｒとの間に一対一対応が存在しないことを証明した背理法とされています。しかし、これは正しい考え方ではありません。

　ここで、前作「カントールの対角線論法」を読まれていない人のために、この証明が背理法ではないことを追記いたします。

　まず、Ｎと閉区間［０，１］の間に一対一対応があると仮定します。このとき、実数をすべて無限小数に直します。そして、たとえば、次のような一対一対応の表が作られたとします。

```
自然数　←→　　実数
　1　　←→　　0.300000000…
　2　　←→　　0.724396758…
　3　　←→　　0.503854692…
　4　　←→　　0.036168249…
　5　　←→　　0.102566590…
　⋮　　←→　　　⋮
```

これは左から右に向かう無限の桁と、上から下に向かう無限の行からなる数字の配列表です。仮定から、この表には0以上1未満の実数がすべて並べられているはずです。

ここで、左上から右下に向かう1本の対角線を考えます。この対角線は右下に向かって無限に伸びています。

0. 300000000…
0. 724396758…
0. 503854692…
0. 036168249…
0. 102566590…
　　　⋮

この対角線上には次の整数が並んでいます。これは、無限数列になります。

3，2，3，1，6，…

次に、この数列の各項を次なる規則で新たな整数に変えてみます。

規則（1）　偶数のときは、それを1（奇数）に変換する。
規則（2）　奇数のときは、それを2（偶数）に変換する。

すると、次のような新しい無限数列が得られます。

2，1，2，2，1，…

これらをつなぎ合わせ、さらに頭に０．をくっつけて、再び無限小数に直します。

0.21221…

こうして作られたこの無限小数と１行目の小数とでは、小数第１位が異なります。２行目の小数とでは、小数第２位が異なります。３行目の小数とでは、小数第３位が異なります。以下同様であって、この小数は上記の表の中のどの無限小数とも異なります。つまり、この表の中には存在しません。

しかし、これは無限の表が完成した後の話です。無限の表が完成したという仮定は、実無限の導入に他なりません。実無限は、完成した無限（＝完結した無限＝終わりのある無限）なので自己矛盾した概念であり、これを用いて行なわれた証明は無効です。つまり、カントールの対角線論法は、正しい背理法ではありません。

もし、可能無限を用いるのであれば、上から下に無限小

数を1行ずつ追加していく場合、この作業は終わりません。つまり、０.２１２２１…という無限小数を作ることができません。作られるのは、下記のような無数の有限小数のみです。

０.２
０.２１
０.２１２
０.２１２２
０.２１２２１
　　：

これより、何も矛盾は出てきません。したがって、背理法は成立しません。

ちなみに、カントールの区間縮小法では、すべての自然数の集合Nと閉空間［０，１］の間に一対一対応が存在すると仮定して、長さ1の線分上に番号を振った点をプロットしています。しかし、可能無限で考えると、この作業は無限に続く作業であり、終わりはないはずです。つまり、番号を振っていない点を線分上に作り出すことはできません。

公理系に対する背理法

　本書では、非ユークリッド幾何学の矛盾とその証明不可能性を試みました。しかし、わかりにくかった面もあると思いますので、ここで改めてまとめてみます。

　まず、公理系に対する背理法とは、次なるものです。

「X_1, X_2, X_3, …, X_n を公理（単純な命題であるがゆえに、他の真の命題からは証明されない真の命題）として有する公理系 Z に真偽不明の命題 ¬Y を加えて矛盾が証明されるならば、公理系 Z において命題 Y は真である」

　このとき、命題 Y は公理系 Z から背理法によって証明されたことになります。よって、次なることも言えます。

「X_1, X_2, X_3, …, X_n を公理とする公理系 Z に¬Y を加えて矛盾が証明されるならば、命題 Y は公理 X_1, X_2, X_3, …, X_n から証明可能である」

　これを2つに分けます。

　A：X_1, X_2, X_3, …, X_n を公理とする公理系 Z に¬Y を加えて矛盾が証明される。

B:命題Yは公理X_1, X_2, X_3, …, X_nから証明可能である。

このとき、A→Bは真です。A→Bが真ならば、その対偶である¬B→¬Aも真です。これを、もう一度、文に変換します。

「命題Yが公理系Zの公理X_1, X_2, X_3, …, X_nから証明不可能であるならば、X_1, X_2, X_3, …, X_nを公理とする公理系Zに¬Yを加えても矛盾は証明されない」

ここで、この原理をユークリッド幾何学に当てはめてみましょう。公理X_1, X_2, X_3, …, X_nをユークリッド幾何学の第4番目までの公理E_1, E_2, E_3, E_4とし、命題Yを第5公理E_5とします。すると、次のようになります。

「公理E_5が公理E_1, E_2, E_3, E_4から証明不可能であるならば、E_1, E_2, E_3, E_4に¬E_5を加えても矛盾は証明されない」

公理E_5は公理であるがゆえに他の公理E_1, E_2, E_3, E_4からは証明されません。よって、E_1, E_2, E_3, E_4, ¬E_5(いわゆる非ユークリッド幾何学)からも矛盾は証明されないという結論が得られます。

これより、非ユークリッド幾何学は平行線公理の否定という偽の命題を仮定に有する矛盾した数学理論でありながら、なおかつ矛盾が証明されない特殊な数学理論であることがわかります。

このとき、注意していただきたいことは「非ユークリッド幾何学の矛盾は、非ユークリッド幾何学の内部からは証明されない」という証明が、非ユークリッド幾何学の外で行なわれていることです。

あとがき

　小学生のときの私は、単純な計算を行なうことを中心とする算数があまり好きにはなれませんでした。でも、中学に入ってからは数学が大好きになりました。そのきっかけは、方程式とユークリッド幾何学にありました。

　それまでは、鶴亀算などの問題を解くとき、式を立てるのにとても苦労していました。しかし、中学生になるとxやyなどの記号を用いて、問題文をそのまま方程式に直してしまいます。あとは、機械的に解くだけです。この発想の転換は、子供の私にとっては、本当に驚きでした。

　また、心から納得できる公理を用いて、次から次へと定理を証明していくユークリッド幾何学の素晴らしさは、私を開眼させました。

「こんなに素晴らしい方法を、どうして今まで誰も教えてくれなかったのか？」

　私は、もっと早くユークリッド幾何学を知りたかったと思いました。

　ところが、やがてはこれを揺るがすことを聞きました。

それは、高校生の兄から「幾何学はユークリッド幾何学だけではない。非ユークリッド幾何学という別の幾何学もあるぞ」と教えられたことでした。

そして、その幾何学はユークリッド幾何学の第5公理である平行線公理を否定しているというではありませんか。これを知った瞬間、私は即座に直感しました。

「非ユークリッド幾何学は間違っている」

もちろん、これは非ユークリッド幾何学をまったく勉強したことのない子供の直感に過ぎません。私はその後、長い間、この素朴な直感を抑圧しました。

やがて、都立航空高専の航空機体工学科に進学し、そこで熱力学を学びました。そして、授業中にエントロピーという言葉を生まれて初めて先生から聞いた瞬間でした。再び、私の直感が働きました。

「エントロピーは間違っている」
「カルノーサイクルはおかしい」

でも、私は再び、この素直な直感を封印しました。なぜ間違っていると感じたのかをまったく考えようとはしませ

んでした。

　そして、高専を卒業後した後、エンジニアとなりました。でも、機械の修理よりも人間の治療のほうに関心が向き、やがてエンジニアから医師へと転身しました。

　ある日、本屋に立ち寄りました。そのときは、何かとても難しい本を読みたい気分だったので、たまたま手にしたゲーデルの不完全性定理に関する本を買ってみました。

　それを読んだとき、３度の目の衝撃が私の心を大きく揺さぶりました。その中に、対角線論法が記載されていたのです。このときは、言いようのない強烈な直感を感じました。

「カントールの対角線論法は間違っている！」

　今度は、この直感を無視しないぞと決意しました。ちょうど４０歳を超えた私は、対角線論法を徹底的に追求することにしたのです。そして、ただひたすら真理を知りたいという強い好奇心だけで数学を勉強してきました。

　始めは、たった１つの証明である対角線論法からスタートしましたが、１４年という歳月が流れていく中で、結果

的には、多くのことが1本の糸でつながりました。

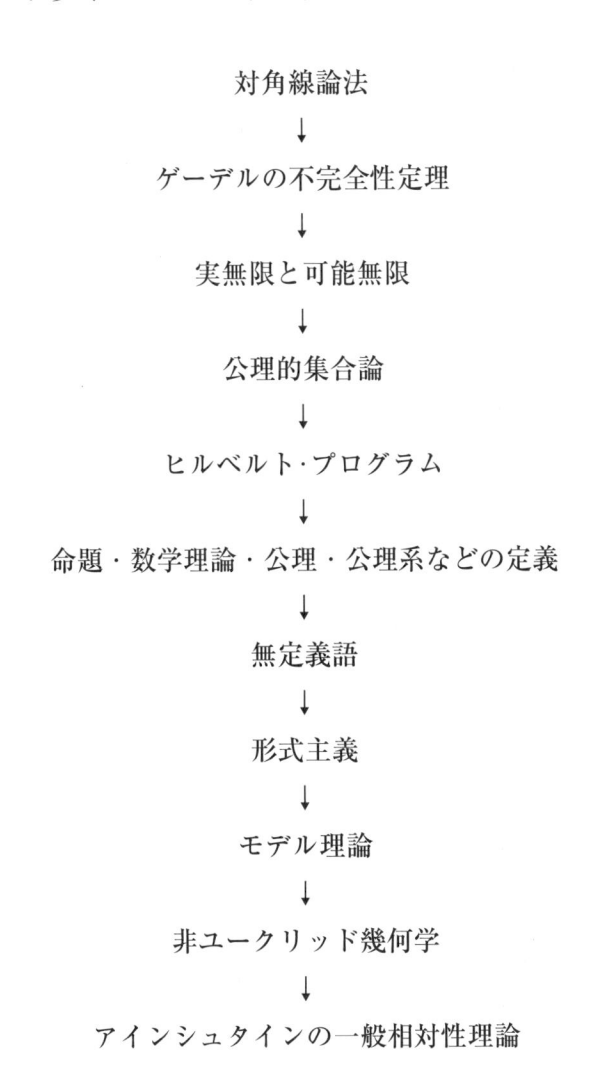

対角線論法
↓
ゲーデルの不完全性定理
↓
実無限と可能無限
↓
公理的集合論
↓
ヒルベルト・プログラム
↓
命題・数学理論・公理・公理系などの定義
↓
無定義語
↓
形式主義
↓
モデル理論
↓
非ユークリッド幾何学
↓
アインシュタインの一般相対性理論

この1本の糸を何とか後世に残すことができないか、そして、少しでも人々のお役に立つことができないかと考え、再び本を書くことを思いつきました。

　こうして、前作「カントールの対角線論法」に続く第2弾としての本書「カントールの区間縮小法」を出版することができました。

　私は数学の専門家ではありません。数学に関する専門知識もまったくありません。記憶力も理解力も乏しい私は、時間をかけて思考することでしか、これらを補う方法がありませんでした。

　この書を最後に、やっと数学から開放されるという安堵感があります。しかし、それと同時に、親しい友人に永遠の別れを告げるような寂しさも感じています。

　今まで私に論理学と数学を教えてくれた、国内と外国の多くの先生方や学生さんに、再び感謝の言葉を述べさせていただきます。本当に、どうもありがとうございました。

　また、迷惑をかけっぱなしであった家族への謝罪と感謝の気持ちから、前作と同様に家族をモデルにした登場人物とさせていただきました。

この書が人々の数学への関心を呼び覚まし、1人でも多くの子供たちが数学を心から楽しんで勉強することができるようになれば、とてもうれしく思います。

著者紹介

昭和40年　東京都練馬区立田柄小学校卒業
昭和43年　東京都練馬区立田柄中学校卒業
昭和48年　東京都立航空工業高等専門学校航空機体工学科
　　　　　卒業
　　　　　その後、日本テキサスインスツルメンツ（株）
　　　　　などに勤務
昭和53年　千葉大学医学部入学
昭和59年　千葉大学医学部卒業
　　　　　日本赤十字社医療センター産婦人科研修医
　　　　　のちに専修医
昭和62年　防衛医科大学校病院　産婦人科助手
平成 2年　鈴木産婦人科　副院長
平成 5年　偶然にもカントールの対角線論法と出会う。
　　　　　その証明の美しさと不思議さに魅せられ、従来
　　　　　とはまったく異なる視点から対角線論法を研究
　　　　　し始める。
平成 9年　愛和病院　産婦人科医長
平成16年　市川クリニック開院
　　　　　（内科・小児科・産婦人科・授乳外来）
平成18年「カントールの対角線論法」執筆

カントールの区間縮小法
Cantor's Method of Diminishing Intervals

2007年6月20日 第1刷発行
著　者　市川秀志（いちかわ・ひでし）
イラスト　ミーたん

装　幀　岡本隆司　　（PARADE INC.）
発行者　太田宏司郎
発行所　株式会社パレード
　　　　　大阪本社　〒530-0043　大阪市北区天満2-7-12
　　　　　　　　　　TEL 06-6351-0740　FAX 06-6356-8129
　　　　　東京支社　〒105-0021　港区東新橋2-18-3-1003
　　　　　　　　　　TEL 03-3437-6877　FAX 03-3437-0669
発売所　株式会社星雲社
　　　　　〒112-0012　東京都文京区大塚3-21-10
　　　　　TEL 03-3947-1021　FAX 03-3947-1617
印刷所　創栄図書印刷株式会社

本書の複写・複製を禁じます。　落丁・乱丁本はお取り替えいたします。
ⓒ Hideshi Ichikawa, 2007　Printed in Japan
ISBN978-4-434-10626-2　C0041